U0016379

每一天，
都是風格的練習
黑兔兔的開店圓夢提案

黑兔兔　　著

在生活中的每一個片刻認真學習

畫家、作家、插畫家　王傑

一看到這個書名我心裡便微笑並想著，這是一個多麼充滿戰鬥力的書名啊！就跟我所認識的黑兔兔一個樣。你可能會問，若說是心中充滿著浪漫情懷的人，哪有每日都在練習的啊！問題是，幾乎所有我認識的以實現心中夢想為生的好朋友們，沒有一位不是以這種「每一天，都是風格的練習」的態度生活著。

要為這本珍貴的書，尤其是為黑兔兔寫序，其實我心中是充滿感觸的，你很難想像這樣一個個頭小小的女孩，卻有著一雙比我還粗的手，那是一個用力在生命中認真過活的人，才會有的一雙手，胖手胝足可以說是黑兔兔開店的真實寫照。

我相信，她是在生活中的每一個片刻認真學習的，也因此，她在書中分享所有經歷的大小點滴，以及她所領悟體會的，相信我，我認為她是無私地與你分享，就像你是她最親密的好友一般。

而也就是因為這一份面對人事物的真，或是源自於對生命熱切的投入以及體驗，以至於每一個人在第一次踏進黑兔兔的小咖啡館，就會被它濃烈的個人風格完全包圍，那是一股神奇的力量，一種沒有重量的愉悅，而黑兔兔就是掌握這個魔法的人，我認為她已在書中揭露了所有她的祕訣，接下來，就看你是不是每一天，都是風格的練習囉！

開店，生活與夢想的無限延伸

設計風格觀察家、設計東京系列作者 吳東龍

與黑兔兔的相識超過十年以上，最早我還是一介學生，後來她成了手作雜誌的主編，於是展開了我人生裡的第一次家庭訪問，以及為雜誌撰寫東京設計文章的契機。一直到現在每次聊起這件事的時候，雖然有點像老兵話當年，但我口中的「阿姑」都自我感覺良好地覺得她眼光既獨到又敏銳，我也確實很難去否認。（笑）

從來黑兔兔就是一個表面上看起來很有想法，或說很堅持己見，但其實私下卻又是想很多也非常努力又拚命與固執的人。從來沒有人能輕易說服她，她總是照著感覺在走，只不過在這感覺背後，需要很大的決心、勇氣和不服輸的努力。我覺得自己和黑兔兔有某些地方是很相似的，像是對於工作品質的錙銖必較，常常會到達六親不認的地步，我不時覺得為何如此，但看到阿姑時又覺得原來如此。

黑兔兔在 2006 年底出版過一本《散步生活》後便忙於她與Ben 的事業，大家無緣再見她筆下充滿編輯概念的生活風景。從鐵皮倉庫屋的家搬到基隆看得到海的房子，她在每一個階

段都認真生活而且精采充實。她在令人好奇的基隆街上的二樓打造了一間風格小店〈黑兔兔散步生活屋〉，這個夢想走得辛苦，卻也踩得踏實。她不斷累積生活與工作的經驗，也不斷地付諸實現，有這樣一直在港邊打拚的阿姑，其實，覺得鼓舞。

這回終於等到她睽違多年的出版計畫！

從生活風格的創作到多年開店的經驗體悟，將各種黑兔兔式想法、遭遇到的難題、質疑與切身感受，自有形到無形的開店 MUST KNOW，毫不藏私、鉅細靡遺的公開分享。無論是想要開店或是喜歡逛店培養品味的朋友，請和《每一天都是風格的練習：黑兔兔的開店圓夢提案書》一起感受它為我們的生活夢想注入全新又扎實的感動與衝動吧！（阿姑，加油！）

敢於走入人生未知森林去冒險的森林女孩

知名作詞人及電影導演 施立

我覺得黑兔兔是一個很不簡單的女孩子,在她小小的身軀裡好像藏著一股巨大的力量,臉上掛著的甜美笑容背後,也時常流露出她對生活無比堅定的信念。

其實我在剛認識她的時候也一度誤判她只是一個外表可愛的森林女孩,在經過幾次深入的聊天後,聽到了她對於夢想執著的勇氣和許多故事之後才恍然大悟:森林女孩的生活,原來並不是只有採採蘑菇或是和松鼠打打招呼這種浪漫的表象而已,像黑兔兔這樣敢於走入人生未知森林去冒險的人,才是真正智慧與膽識兼備的森林女孩!

基本上兔兔之所以是黑的而不是白的,就已經說明了她身上與其它森林女孩不同的特質。

黑兔兔在基隆的咖啡屋我去過幾回,充滿手感的裝潢,顯示了黑兔兔獨到的眼光和品味,更難得的是,雖然她的咖啡屋近來生意興隆高朋滿座,但是對我來說她仍然抱持著一種招待朋友的親切與態度,我想就是這種對人與人之間真誠交流

006

的重視，才讓黑兔兔的咖啡屋流露出了別人學不來的溫度。

這本書，黑兔兔也用她一貫自然真誠的口吻，向大家分享她的開店哲學以及一些小技巧，想開店的人可以從裡面學到一些撇步，不想開店的人也可以透過字裡行間，走入黑兔兔的生活故事裡，非常有趣！我突然想起，黑兔兔曾經跟我說過要貢獻她的愛情故事做為我寫歌或拍電影的題材，也許我們可以期待她在這本書熱賣之後，在下一本書大方分享她的愛情旅程，我想那一定也是非常具有黑兔兔風格，充滿溫度的感人故事。

但是在這之前，先讓我們打開這本書，跟著黑兔兔一起進入「每一天，都是風格練習」的旅程吧！

希望有更多傻瓜一起做夢

專業風格領隊　Justin

2003 年因為《我的心遺留在愛琴海》旅遊書的出版，接受
居家生活雜誌的採訪，認識當時從事編輯工作的黑兔兔，也
因為彼此都愛旅行，很快變成好朋友，更因為兩人愛分享的
個性，很快地串連起一群愛作夢的朋友：墾丁小徑手作的
Kili、11 樓之 2 的小花園黑兔兔的姐姐 Claire……

幾年後我們相繼辭去穩定的工作，我離開聯電，開始帶團及
攝影教學；而黑兔兔有了夢想的黑兔兔散步生活屋。一次一
同旅行的機會，兩人聊到自己的夢想，我終於了解，為什麼
個性難搞的兩人能成為好朋友，我們一樣拗、一樣倔，尤其
對於夢想這件事，有著許多永遠不能妥協的堅持：即使規模
再小，即使不被主流想法認同，也不能違背自己的信仰。黑
兔兔散步生活屋只有幾桌，而我一年只帶六個團，以投資報
酬率來看，這絕對是傻子的生意，但我們只想分享給頻率相
同的朋友。

「不要告訴別人，把這裡當作你的祕密基地！」生活屋沒有
名片，離開工程師的工作七年多的我，也沒再印過名片，因

為我們確信喜歡我們的人,會想辦法找到我們!

離職前很多人勸我別冒險,一個不穩定,沒辦法預知的未來是危險辛苦的,要三思!離開職場後,朋友們最常問我問題是:這幾年你後不後悔?是的,這幾年很苦,但我從來沒有後悔過!當我真心追尋著我的夢想時,每一天都是繽紛的!

很開心黑兔兔出版了這本書,分享了開店的心路歷程,以及她獨特的開店哲學, 與心中還懷抱著夢想的你分享,希望有更多傻瓜一起做夢!

謝謝妳給了我圓夢的勇氣

黑兔姊姊　Claire

黑兔兔：「姊，我的書就快完成了，請妳幫我寫序，要多寫一些我的好話喔！」

哈！寫好話！？我不禁回想開店初期，黑兔兔對我這姊姊可嚴厲的，害我一下子腦筋一片空白，心想，過幾天再寫好了。

沒過多久，電話和 FB 又傳來黑兔兔的催稿訊息；果然，黑兔兔是不會放過我的，就如同她還是雜誌主編時一樣緊迫盯人！

「不一定要寫和我這本書直接相關的內容，你可以寫我們的相處的情形或我怎麼把你弄哭的，都可以啦！」對布置要求完美的黑兔兔連網友報導 11 樓之 2 的小花園的照片都會關心，如果看到不夠美或不適合的布置，還會打電話來要求立即撤除或調整。

她也說：「當然也可以寫一些美好的回憶，例如我們怎麼開始經營起的部落格，記錄自己喜愛的事物，常常大半夜還在弄版面。」

這就是我們家的黑兔兔，讓人又愛又怕，如果這些年來沒有她「循序漸近」的施壓，我不會有勇氣離開安穩的工作。

30 歲才考上大學的她，在手作市集還不像今天這麼受歡迎的年代，便拎著皮箱在逢甲夜市賣自己縫製的動物娃娃。我手中還有她年少時在報紙的 DIY 主題投稿，像是撿輪胎改造後當桌子，用 3M 投影片黏在安全帽前擋風諸如此類，記得她拿剪報和我分享時，我還忍不住笑說這很不實用耶！

很多人都會羨慕黑兔兔能將興趣和工作可以結合；然而，我從黑兔兔身上看到的不僅如此，這些年，包括我和許多也想開店圓夢的朋友也都曾受到她的激勵。現在，黑兔兔更化行動為力量，大方不藏私地分享她開店的點點滴滴，還有她協助（鞭策）我開店的過程！

最後，我要說的是：「于珊，謝謝妳！當初那麼堅持地幫助我圓夢，要我一定要有一家屬於自己的風格小店。」

還有，一定要來 11 樓之 2 的小花園辦簽書會喔！

每一天，都是風格的練習

每一天，我腦袋轉啊轉都不停想著：今天店裡的某個角落可以怎麼做變化？每翻到雜誌裡的一張照片、看到一個令人心動的陳列方法時，總想著要趕緊把它記錄下來；在旅途中看到了一個木頭小招牌，也忙著思考要再加些什麼元素，讓它變得更可愛。在我的生活中，每一天，都是風格的練習。

經常聽人家說，黑兔兔你這是天分厚，我想最大的原因是，因為我打從內心喜歡這些事，然後不斷地在我腦海中一遍又一遍的演練，慢慢形塑了我現在的風格及個性。

風格的練習是無時無刻、不需要刻意去尋找的，有時候，它是從日常生活的一草一木累積起來的，當時間一久匯集起來時，就有很大的能量。

在這本書裡，我用圖片記錄學習到的小點子，用文字說明開一家小店的真實感受，每個階段都有不同的心境。這也是我第一次嘗試用畫畫的方式，描繪我人生所經歷的點點滴滴，這段時光的紀錄也是扭轉我命運，讓我人生轉了一個大彎的關鍵時期。

大家在閱讀過程中會有不同的心境，產生不同的力量，有勵志療癒、有布置的發想、開店需要備足的勇氣，若其中一則對您有助益，就是我最大的喜悅吶。

CONTENTS

CONTENTS

CONTENTS

輯一
黑兔兔的風格練習簿

找自己

來自天上的禮物

每個人都有上天贈送的禮物，有人天生會畫畫，有人天生會做菜，那我呢？

老天爺在 16 歲時送了我一個禮物，那時雖然「失」去家的溫度，卻「得」到了布置家的靈感。當上帝關了一扇門，會為你再開一扇窗，老天給的人生功課，冥冥中有祂的道理，不會讓人白走一遭的。

啟動我布置的開關

我是怎麼開始發覺自己對布置有興趣的呢？

16 歲那年，我碰到人生最難的選擇題……

是要跟爸爸……還是選媽媽？

跟著爸爸一起生活後，我們經常搬家，
爸爸除了要支付我和二姊的生活學雜費之外，
還要負擔龐大的租金開銷，沉重的壓力把爸爸壓得喘不過氣來。

要漲房租了

那時，我在心底許了小小的願望，
我想要有個安定的家，不要再到處流浪了。
漸漸地，我開始收集和家有關的書籍或雜誌，
它們成了我最好的朋友。

想像自己住在這裡

18 歲的某一個早晨,一覺睡醒,我禿頭了⋯⋯

我趕緊用手摸摸我的頭皮,摸起來有種光溜溜涼涼的感覺,我心想不妙,跑到鏡子面前,把頭髮撥開,嚇!原來不止禿一塊,頭頂正上方、後腦勺正中央也掉了一塊,每塊約 5 元到 10 元硬幣不等的大小,有人說這叫鬼剃頭。我覺得這名字取的很貼切,一夜醒來頭髮都沒了,很符合我當時的心境,驚嚇指數破表。

身體與心靈一樣重要

我試過塗生薑,看中醫師用針灸在我頭上插滿針,然後再通電刺激毛囊生長,但最有效的特效藥,是保持心情的愉悅,只要心情放輕鬆,不要過度壓抑心情,頭髮就會自動長出來了!

這提醒我每天都要保持樂觀的心情,別讓自己繃得太緊了。

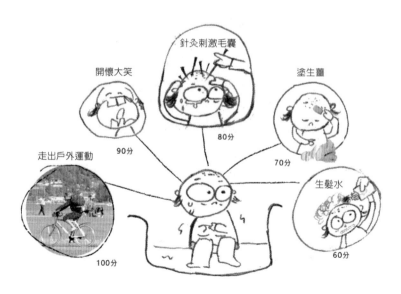

我想成為有使命感的人

我在電視台擔任一個小小字幕員時，可以接觸到不同的人，了解他們的工作性質：看到記者說話及笑容很有自信的樣子，見到導播在副控室掌控全場流程、具有領導力及組織能力，還有編輯台人員花心思安排整節新聞的流暢。而我呢？

當見到年長的同事，操作機器的速度及反應已經不像年輕人那麼快及靈活時……

他的臨場反應比較慢哦

如果做著不用花腦力激盪的工作，
有一天年華老去時，
是不是會被另一個世代或
科技取代或淘汰呢？

相反地，需要用腦力工作及創意的人，
就好像陳年老酒一樣，
在專業領域上，越陳越香。

有自信

一顆有危機意識的小小螺絲釘

我希望不管幾歲，都能找到適合自己的位置，
成為一位有使命感的人。

放手一搏

當找到自己那一扇小小的門,就朝著這方向努力,

待在原地或是轉個彎,勇敢成為你想要的那種人,都是由你決定。

因為你才是要去工作的那個人,不是別人。

確立好目標,知道喜歡什麼,要過什麼樣的生活,

放手一搏、不再畏畏縮縮。

我從高空俯瞰,
看得到腳下的風景。

遇到人生決擇時,
站在原地不動,只看得見個體,
暫時抽離當下的環境,
會看得見整體清楚脈絡。

做任何事,都要有放手一搏的勇氣!

用減法釐清，一步步找答案

我做過郵局分信員、加油員、打字小姐、總機小姐，
只是什麼樣的工作才適合我？
要從一種領域跨進另一種陌生領域的時候，必須要對「想去從事」的
事非常敏銳、有感覺，
先試著進入相關的產業，
從擔任一顆小小螺絲釘開
始，也是一個很好的開端。

在心裡列出理想清單

想做的工作

- 電視台（記者）
- 出版業（編輯）
- 企劃人（活動）
- 室內設計
  廣告（提案）

把自己歸零，重新出發

26 歲重新當起學生，
30 歲從最低階的工讀實習生做起、從旁學習，
這時資深前輩無私的指導，讓我儲存到的滿滿能量，
是無價的！更無法用 21K 的薪水來衡量。

練習口齒清晰

學習寫稿子

站在鏡頭說話不害怕

練習一個人旅行

遇上人生低潮時，我會獨自一人去旅行，

背上背包的那一刻，我告訴自己即使一口破英文，也要勇敢地走下去。

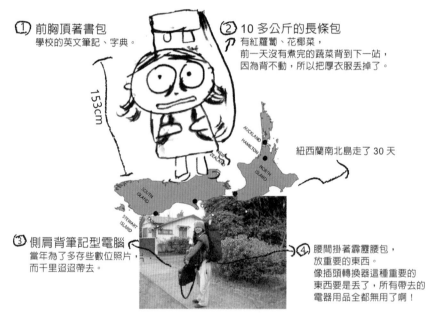

① 前胸頂著書包
學校的英文筆記、字典。

② 10 多公斤的長條包
有紅蘿蔔、花椰菜，
前一天沒有煮完的蔬菜背到下一站，
因為背不動，所以把厚衣服丟掉了。

紐西蘭南北島走了 30 天

③ 側肩背筆記型電腦
當年為了多存些數位照片，
而千里迢迢帶去。

④ 腰間掛著霹靂腰包，
放重要的東西。
像插頭轉換器這種重要的
東西要是丟了，所有帶去的
電器用品全都無用了啊！

153 公分小矮個身高裝備

背包客最愛住的青年旅館（YHA）

說夢話

一覺到天亮

打呼

置物櫃

洗手台

翻身聲

在 YHA 裡，如果你不介意和一群不認識的外國女生
住在同一個房間，每個人會有一張自己的小床舖，和
一個太陽晒過的床單、枕頭和小被被，雖然有人會說
夢話有人會打呼，我還是可以一覺到天亮。

晚餐時，從超市買回食材，窩在大廚房裡和不同國家的旅人一起下廚，
還可以偷偷觀察外國人都煮些什麼好料。
最開心的是，在法國的 YHA 你不用擔心早餐，因為刷完牙洗好臉，
已經有人幫你準備好現榨的柳橙汁、咖啡、紅茶、牛奶和棍子麵包，
只要吃飽飽，就可以啟程出發前往下一站。

即然開不了口，那～就用畫畫的方式買車票

管他英文多爛、法文不通，微笑和隨筆畫是最好的溝通語言。

一個人的旅行，不管是問路、迷路，還是買車票搭巴士；

筆‧手‧畫‧腳，我都用上了。

用畫畫方式買車票

日期
星期日
從史特拉斯堡到巴黎
時間
1 張成人票

先在筆記本上寫好購票資訊

把筆記本快速地「魯」過去

Bonjour 打招呼後 ... 開始筆手畫腳

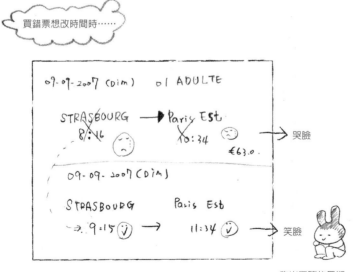

買錯票想改時間時……

哭臉

笑臉

改出正確的日期
打個大 ✗
哭臉表示時間不對
笑臉代表正確時間

永保一顆赤子之心

廣場上有一群人,腳裡正踢著一顆小球,突然懷念起小學和同學在走
廊踢鍵子、跳繩的時光,
去玩吧!我走向他們笑一笑,手指著球再指向我,
「可以一起玩嗎?」
我希望自己到老,無論做什麼事,永保一顆赤子之心。

擺攤的日子

擺攤的經驗，成為日後創業的契機

在我當窮學生的時候，腦中浮現一個異想天開的念頭，

來去遊學旅行，只是⋯⋯怎麼賺到這筆費用呢？

試著擺攤賣自己做的小手藝來籌足旅費，

沒想到這次的經驗，連結了我日後選擇的工作並成為創業的契機。

經過不斷改良練習，
做出一隻狗的玩偶了

和同事借了一個小箱子，裝上做好的小狗們，很緊張地到逢甲夜市卡了一個超小不起眼的位子！

如果沒人來買？
怎麼辦，要裝忙嗎？

我自己做的哦

等待的心情

有人過來看了耶，但……

原來這可以自己做
那幹麼要花錢買！

那麼，來研究一下
怎麼做？

狗頭
↑
身體
↓

我的狗，被活生生的拆解之後，又被丟回箱子裡
姊妹倆轉頭離去

捏   我愛舶來品

日本帶回的，我才要買

哇，好可愛
我要買一隻

也有遇到好客人的時候

這是真的嗎～～

要相信自已，
一天中一定會遇上
真好的那一刻

吸
吸

只要有空檔就
一直拚命做，
沒課的時候就
去擺攤，
然後省吃儉用
一段時間……

在十多年前，創意市集並不流行，
大家不習慣買手工做的東西，比較信任精品，
大部分的人，會覺得你會做的，我也會，
只是我沒時間，也許還會做的比你好看哦，
所以更不會去購買手作品，
這段日子，對於我之後創業「手作原禮」品牌，有很大的啓發哦！

越挫越勇的精神

絕不氣餒

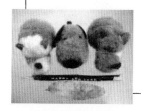

雖然擺攤沒有賺很多錢，
這次的手工創作販售經驗，
卻成為我日後創業的契機。

默默支持你的人

**裝修家裡
設計禮品時**　我喜歡提出高難度的鬼點子，
你總會默默地想出辦法來實現我的願望

我負責發想、企畫、攝影

你負責把我天馬行空的點子變出來

在家裡　有時我耍賴，你會默默地把家事處理好

你清貓砂

我只要負責和麻糬培養感情

在咖啡屋工作時

常常我和客人聊天聊過頭，
你已經默默地把碗盤全洗好了

我招呼客人

你會把碗盤洗乾淨才休息

旅行時

我常走到你的面前忙著拍東拍西
你會默默的在背後守著

我喜歡拍當下感動的小事物

你會在後面顧著我，記錄我在記錄什麼

輯二
開店圓夢提案
黑兔兔散步生活屋的誕生

如果你不開店，請告訴我

黑兔兔散步生活屋是個意外

我的工作室位在 2 樓，有一扇很大的玻璃窗，是我每天製作婚禮
小物的地方。因為並未對外營業，所以沒有掛上招牌、沒有寫上
店名，也沒有標示我們是在做什麼的。

往返基隆和台北的客運經過這裡時，車上的乘客會往玻璃窗內好
奇地盯著看，當地人會站在對街，看著我們指指點點，但一直搞
不清楚這間位於 2 樓，有貓、有燈、有花、還擺了 3 大張木桌子
的空間到底在賣些什麼？而且，觀察了半天也沒有人坐在那些位
置上？天氣好時，有一隻貓會跑到層板上，露出兩條腿睡午覺。
無形中，我的工作室就成了他們口中的一個謎。

外行人也能開店嗎?

「是咖啡館嗎?可是,沒有招牌耶?」
「你們是不是弄好一陣子了?怎麼不開門?」
「好奇怪哦,沒有招牌耶?」
「是餐廳嗎?什麼時候要開始營業?」

那段時間,每天都有人走上 2 樓,好奇地推開白色玻璃木門,然後一臉狐疑的看著我。直到一位女士走上樓,對著我說:「只要你們有提供簡單的飲料,讓我可以坐在這裡休息一下,我就很開心啦!每次我坐客運回基隆,車子只要停紅綠燈就會抬頭看看你們,有時半夜快 12 點經過,還看見裡頭的燈亮著。見過你們在刷油漆,我從你們整修到完工,觀察了好幾個月,實在忍不住才

會好奇走上來問，你們真的不考慮變咖啡館嗎？」

她說的這番話不知不覺間鼓勵了我把門打開，我把這句話牢牢記在心裡，卻遲遲不敢行動。

如果你不開店，請告訴我

但陸續上2樓來關心我們的熱情客人不曾間斷，他們全都鼓勵我轉型，我雖然口頭做出了承諾，但到頭來還是退縮了。

其實我的心裡很害怕，我根本不懂料理，該用什麼方式提供餐點呢？如果因為口頭答應開店而隨便應付了事，我實在沒臉端出這些食物，菜單上面要寫什麼？最終，心裡的聲音還是叫我放棄吧！別再想工作室變咖啡屋的事。

直到一件事情的發生，讓我改變了心意。

一天下班時間，一對男女朋友走上來，是我曾經答應過的客人，女孩推開門興奮地問我：「好了沒，要變成咖啡屋了沒？」我搖搖頭說：「嗯……其實我還沒有做好開店的心理準備。」聽見我的回答，女孩忍不住生氣了：「我已經來來回回上上下下不只3次了，如果你真的不開門，請你告訴我，我以後可以不用再走上來問了。」我看著她下樓時失望又生氣的背影，難過地把樓下的鐵門悄悄地拉下。我氣我自己，為什麼不勇敢一點？不去做怎麼知道行不行？我很感謝她點醒了我。

為了逃避客人上樓追問我的開店進度，我把鐵門拉下暫時避避風頭，直到幾個星期過後……

點醒我的一句話：
做自己能力範圍的事

一天下午，一位女士走上來，「可以進來坐坐嗎？」

「這裡不是咖啡館，只是間工作室，不過我可以請你喝杯熱茶。」
我不好意思地對她說。

聊著聊著，我告訴她：「我很想把這扇門打開，變下午茶小店，
但是我不會做甜點。之前已經答應客人了，但半年又過去了，我
卻沒有動靜……我覺得開店實在很困難，一切也沒有想像中簡
單，真要轉型，我沒有十足的把握。」

她告訴我：「如果料理或烘焙不是你的強項，那麼你可以選用好
的食材及選擇好吃的東西給客人。」

這位女士，潔西卡，是專門採訪巷弄小店的作者，出過很多本關
於巷弄小吃的相關書籍，採訪過很多店家老闆，後來她陸續給了
我很多關於開店的寶貴意見，也是促成我將工作室轉變成下午茶

店的貴人之一。

直到有一天一位外國人走上來，他直接坐在位置上，用英文告訴我：「想要一杯拿鐵。」我和 Ben 來不及反應，也不知道怎麼和外國人解釋，很怕嚇到他。在措手不及的情況下，阿 Ben 真的做了一杯拿鐵，結帳時才說：「其實我們還沒開張，你隨意給就可以了。」直到收下了錢，我們兩人都還不敢置信，這杯拿鐵於是成了我們人生中賣出去的第一杯飲料。

這些點點滴滴的事情串起來，成就了今天的黑兔兔散步生活屋。每每想到那位和我說只要飲料就可以的女士，還有來來回回 3 次關心我的開店進度、給我勇氣的那個女孩，以及潔西卡的那番話，我彷彿整個人被點醒，也從中找到了方向，發揮自己的專長，做好能力範圍內的事，做起事來才會開心。我真的很感激她們。

原來，只要一句正向的鼓勵，就能引導別人走向未來！

用自己的步調，開店吧！

最後，我跟 Ben 討論的結果是：「我們以開店為前提，食材選擇我們自己都愛吃，成本高一點也沒關係，至於接下來，就是開始一連串試吃、試喝的日子，一面等待可以開店的時機。直到都一切都滿意就緒，心裡也準備好了，我們才正式營業。」

開始供應輕食下午茶點心後，有許多熱心的親朋好友及客人，紛紛提供了我許多寶貴的意見。

「啊，黑兔兔你的菜單怎麼沒有簡餐啊，要賣飯啦！」

「這個嘛……(手指著各個牆面) 你的布置要一直更換，這樣客人才會有新鮮感！」

對於一開始大家熱心的建議，我陷入迷惘和困惑。

我沮喪的和 Ben 說，我們是不是該來賣飯賣麵呢？也許大家說的都很對，是不是要試著聽進去呢？ Ben 安慰我說：「我們用自己的步調過生活吧，好的我們就聽，如果什麼都要改，那不就改不完了，這也不是你黑兔兔的風格，不是嗎？時間久了，懂我們的人自然就會留下來了。」

從做中學，再慢慢的微調

偶爾會聽到有人在樓下說：「這家店下午 1:00 才開門？好晚哦！」原來，訂定營業時間，真是一門學問，先前是參考其它店家，或是咖啡廳相關書籍，11:30 開始營業， 2 年後發現還是要依自己的作息，不讓開店工作干擾到日常生活，適時修正是必要的，我們後來採用「不定休」，也是基於同樣的想法。

曾經看過一篇報導，記者訪問店家：「為什麼你一星期只開 4 天？」這名店主人的回答讓我印象深刻，他說：「這 4 天是我身體可以負荷的工作時間，我可以帶著熱情和笑容，真誠招待來店裡的朋友（客人），但如果身體負荷不了，開了門卻苦著一張臉，不是會對不起遠道而來這裡的朋友（客人）嗎？」

開店有時雖是一時衝動的決定，開始一定有些部分，沒有仔細考慮或是缺乏經驗而不夠周詳，像是打烊、休假時間或是菜單價格及口味等，如果之後再依自己的作息及方式，調整步調，相信客人一定能體諒的。

順著天賦做事，逆著個性做人

電視製作人王偉忠的書裡有一篇的標題是：「順著天賦做事，逆著個性做人」，若能做到這兩件事，人生就很完美，工作也能如魚得水。

不過……逆著個性做人難度很高，我是開了店後，才開始慢慢學習這其中的道理。

有一回我和一位熟客朋友聊著：「現在來店裡的客人，頻率比較一致了耶，而且也沒有太多困擾的問題產生。」這位朋友頓了一下，說：「客人沒有變，是你的個性變了。」

Watson 和 YoYo 這對夫妻，是在我開店初期的客人，那天傍晚他們第一次走上來，我正要溜去聽演講，我說：「真的很抱歉，等會我有事出去，店內就沒有提供餐點，若是只提供咖啡飲料可以嗎？」因為阿 Ben 負責做飲料，我負責做餐點，若是我跑了，

就無法供餐了！

事後彼此成為朋友後，再聊起這件事，他們說當初我真的太隨性了！從來沒有見過這麼隨性的老闆啊！

直到一位大叔輩的客人對我說：「如果你臨時休息，那些特別去基隆找你的人，他們又對基隆不熟，你要他們去哪裡？」

經過這幾年的磨練，想休假時會思考一下，想到客人會不會白跑了一趟？以前衝動又隨性，總是依自己喜歡的時間做著自己喜歡的事情，大叔的這番話，影響了我日後開店的個性。

而逆著個性做人，另一個意思，就是不可任性妄為，像是……如果你是慢半拍的人，可以試著讓自己動作快一點；脾氣火爆的人，在生氣前先深呼吸三、五次。我想，開一間店也會是個修練個性的好場所。

漸漸改變的自己

我有一塊紅磚，用白色粉筆寫著「open」放在上樓的樓梯口，偶爾下樓的客人不小心踢到它，磚頭會破一個小洞，踢破它的客人會感到非常抱歉頻頻向我道歉。

其實我要感謝這些人，因為磚頭四四方方的直角太剛強，要有一些破損才會有自然漂亮的柔軟線條，每次看到磚頭，我都會聯想到自己四四方方帶著銳角的臭脾氣；記得多年前我的主管告訴我，「你的個性怎麼只有黑與白，沒有中間值呢？」人生不一定所有的事，都要做到滿分才肯放手，偶爾讓自己稍微放鬆一下。有時，慢慢進步才會有成就感。

「工作」和「事業」的差別是？

那天晚上好久不見的同事來找我，問我好嗎？

我開玩笑說，「以前的工作最長不到 3 年，現在賣自己做的手工禮物有 7 年，開店快 5 年了，這竟然是我做最久的一份工作啊。」

那你不該說是「工作」應該說它是你的「事業」，朋友認真地告訴我。

某個趕工的夜晚，阿 Ben 氣喘發作，我看著他的臉由紅轉白，手裡還繼續用力的壓著胸針，那是明天一定得寄出去的畢業禮物，是學校老師買來送給畢業班的學生，若遲了一天送達，對畢業班的學生來說，就失去意義了。我問阿 Ben 還行嗎？我看到他整個背都縮起來，已經痛苦到不太能說話的樣子。

凌晨 3 點到急診醫院打了半桶點滴帶上氧氣罩，1 小時後，阿 Ben 好多了，拿下氧氣罩，他開口的第一句話，是想趕回去壓完桌上那些剩下的胸針磁鐵。那時離天亮趕第一班郵局 8:00 開門送件，不到 4 小時，我問他你可以撐嗎？阿 Ben 點點頭，我跑去和醫生求情，醫生不肯答應，阿 Ben 求醫生讓他回去把剩下的一點點貨趕完，趕完後我們會再乖乖回醫院把剩下的半桶點滴打完，醫生罵我們：「賺錢有比生命重要嗎？你走出去這道門，說不定就像鄧麗君小姐一樣，恐怕生命都不保了。」阿 Ben 和醫生說：「我們知道後果，但『信用』對我們創業的人來說，比什麼都重要，因為這是畢業生的禮物，我不能讓他們失望。」醫生無奈地搖頭看著我們，拿出一張切結書要我簽下，還在醫院門口叮囑我：「一定要在天亮前回到醫院來啊！」

阿 Ben 右手手背上的血管還插著針頭，用了 2 條細長白色膠布稍

稍固定不讓針頭跑掉，但是壓胸針時右手需要出力氣，他說已經管不了那麼多了。阿 Ben 每出力壓一下胸針，針頭就好像快要位移了……而我，只能做些小雜事等著包裝封箱。

我們順利地把禮物完成，在醫生交代的時間內趕回醫院。阿 Ben 躺回病床，右手繼續插著未完的點滴；我的工作是跑去附近的郵局等開門，順利地將禮物寄出。我拿著郵局掛號單回醫院，一夜沒睡的我們，終於放心了。當然，阿 Ben 有聽醫生的話，乖乖地顧好自己的身體和每天保養自己的氣管。

「工作」和「做自己想做的事」兩者的生活模式迥然不同。

「做自己想做的事」會有一種想要保護它的力量，和願意隨時為它拚命的準備。

經歷了那一晚，我們明白了「工作」和「事業」的差異。

我的小店沒有掛上大大的招牌，沒有特別印製名片，朋友要幫我介紹客人時我還會驚慌地肯求他，請幫我保守祕密，就當這裡是你的祕密基地吧。客人擔心是否自己待太久占了時間，而想要再加點東西時，我勸他不要太在意，請不要再花錢在我這裡，吃的剛剛好就好了，賺錢不容易把錢存下來吧。我希望你在這裡花的每一分錢，都是值得的。

不要告訴別人，把這裡當成你的祕密基地哦！

許多客人在結帳後熱情地告訴我說：「嘿！黑兔兔啊，回去以後，我會幫你多多介紹客人來哦！」
聽到這句話，正常的老闆一定會笑咪咪地連忙道謝，可是我聽了

卻是緊張地拉著對方說：「啊！不要不要，你把這裡當成自己的
祕密基地就可以了！」

客人不解地說：「怎麼了？怕生意太好……客人太多嗎？」

「不是的！不是的！」我連忙解釋，怕客人真的誤會了。

此時，我的汗都快滴到下巴了，我慢慢地解釋說：「強摘的瓜不
會甜，強求的緣不會圓。」

「哪來那麼怪的老闆」客人還是忍不住嘀咕……

往往，會想熱情幫我介紹的客人，都是因為我和他(她)在那一
天，「頻率」對了話匣子一開，什麼都能聊。遇過熱情的客人介
紹朋友來這裡，也許是把「我們之間」的感情連結也帶入了，於
是把這個小地方說得太滿太好，但朋友的表情卻寫著失望，我看
著對方苦著臉，心裡也有著莫名的惆悵。

所以我總愛和客人開玩笑說，不要告訴別人，就把這裡當成你的祕密基地哦！

店裡沒有印名片

我相信印名片這件事很重要，但是我選擇以蓋印章的方式代替放印刷名片。

「那，為什麼不印名片？」

其實，我曾經做了手工名片讓客人拿取，有一天當某一桌的客人離開後，我的手工名片被遺留在桌上，感覺像被遺棄的廣告紙，「是不小心忘了拿？還是不再被需要了呢？」我心裡總會忍不住這樣想著。

有一回整理桌子，我發現了別的店家的名片被留在桌上，心情很複雜。我想，也許有店家可能幫我丟過名片吧？後來我決定不印名片，我相信：「沒關係！有緣人會找到我們，不要強求。」

輕輕按一下，我就會過來點餐哦！

我有一個小小的點餐鈴，當遞出菜單後，我會將點餐鈴放在桌上，
和客人說：「輕輕按一下，我就會過來點餐哦。」
我怕一直站在客人旁邊盯著，雙方會有壓力。無論店內多吵雜，
即使只有小小的叩的一聲，我們都一定聽得到這個鈴聲，這時我
和 Ben 都會說：「好～馬上來哦！」，這個點餐鈴，給予客人和
我們之間緩衝的空間！

今天，會遇見誰？

曾在一本關於咖啡館經營祕訣的書中，讀到一位老闆相當真切的
心得，他說：「咖啡館老闆就像是個背包客，只要店一開張，就
會有形形色色的人來訪。隨之也會有各種不同的邂逅，待在原地
不動，就能體驗到旅行般的心情。」
曾經聽過一位咖啡館的老闆說，開店久了，最怕一件事！
我問：「什麼事那麼凝重？」
他回應：「就是當客人變成朋友，有天他卻不再來了。老闆說，
不是因為想賺他一杯飲料錢，而是心裡會掛念著這位朋友，是否
搬家了，還是遠行去了？」
當下我無法體會，直到這些年，我才慢慢了解這番話的涵義，於
是我和常常上門來找我的客人說，「我希望你久久再來一次，不
要常常來，因為有一天你不再來時，我會難過。」
客人聽完都說我三八，哪有開店叫客人不要常來。（是的，就是
我），幸好，這些客人（朋友）會告訴我，下星期一要補班不會

來找我，還有要出國的客人也會特別跑來和我說一聲一年後才能
再見面。

當自己存在的工作價值被肯定後，
會願意付出更多的熱情

2012 年我和 Ben 選擇了 Justin 帶的團隊去克羅埃西亞，因為理
念相近，團員們也都很好相處。當時，領隊 Justin 說：「 如果
我們把司機 Dejan 當成朋友，這樣司機不覺得他只是一位開車的
司機，而是會覺得自己載的是一群好朋友出遊，當覺得自己存在
的工作價值被肯定後，彼此也能互相體諒及幫忙，也願意給更多
的熱情。」這句話也說中了開店老闆的心情。

再忙，也要出來送客！「再見」和「哈囉」一樣重要

我和 Ben 已經養成一個習慣，當客人離開的時候，會趕緊跑去門邊，說聲：「謝謝，再見」然後將門打開來送客。這個道別的動作，是我們的一點心意，感謝今天可以和這位好客人相遇。如果手上有事再忙，我會把正在做的餐點先放下，再跑去門邊說再見。原來，我做餐點很慢的原因，有一半都是跑來跑去，有時會在門邊停住，小小道別話家常一下。萬一沒有跑去送客，那是因為擔心手上正在烤的麵包或鬆餅快變焦了。

「謝謝，再見！」，如果離開的客人也這樣回應我，當我們關上門後，我會高興很久很久，因為那是客人給店家的肯定。

Ben 和我齊心協力的
分工方法

我有一顆好奇心，Ben 則有一顆柔軟的心，一動一靜的組合，也讓我和 Ben 在工作上彼此互補。創業時，我畫草圖、出點子，他會把東西做出來 。開店時我招呼客人，他負責點餐；當我心裡感到不安時，他會讓我的心穩定下來。

適時拉你一把的人

去旅行時我會亂亂跑，Ben 會在後面看著我，讓我去拍我想拍的小事物，途中遇到事情時會適時拉我一把。在開店的過程中，Ben 也同樣扮演著這個重要角色。
當天事情是這樣的⋯⋯
被拍桌子的前一天晚上，一位年輕女生很有禮貌又客氣的詢問

我，明天假日可不可以幫她保留一桌，因為很久不見的小型同學會要聚會，希望能在這裡聚一聚。

假日人多，我和 Ben 兩人忙進忙出，終於 2 男 2 女的小型同學會到齊了。我和 Ben 一貫能將手中做出來的餐點先做好趕緊送出去，同桌的一位女生雙手插在胸前，指著我問：「為什麼是男生的餐先上？」當下我被這如突其來的話嚇傻了：「不好意思，因為鬆餅機還熱著，所以先將鬆餅做出來，不知道會是男生先上，真的很抱歉。」送完餐點回廚房，這時阿 Ben 手上的拿鐵也煮好了，我又送出去時，那女生狠狠地瞪著我，再次指著我說，那這次為什麼又是男生先？她在說完這句話後，被她的同學（也就是前一天希望我幫忙留位子的女生）拍了拍大腿，示意要她不要再說了，那女生被她朋友一拍生氣了，雙手用力拍向桌子，對著我吼：「她應該先上我的才對。」

聽到她拍桌子又吼又叫，我忍到廚房才掉下眼淚，整個肩膀止不住地顫抖著，擦掉眼淚後有股想衝去理論的衝動，阿 Ben 適時一把抓住我，把我揪回來，並拍拍我的肩膀說：「如果妳有話直說而衝出去理論，雖然避免自己內傷，後續卻很難收尾，最後還是落得要和她道歉，妳要嗎？」

還好，阿 Ben 這番話，我聽進去了。我在廚房深呼吸後，又繼續工作。我體會到，如果開店的話，也需要一種會適時拉你一把的人。

廚房裡的工作情形，123 木頭人

我們的小廚房不到一坪，需要塞進我和 Ben 兩個人，還有一個

大冰箱、咖啡機、烤箱、鍋碗瓢盆，在這裡工作時，我們要用餘光留意對方正在做什麼，才不會兩人撞在一起，2人要各自轉身已經很困難，那，我們要怎麼在這個小小的空間裡活動和做料理呢？

方法是：誰的身體距離那樣東西越近，那個人就負責去做那件事。

例如：Ben身體最靠近水槽，那他的工作就是洗碗盤；我最接近門口，客人進出和結帳或送客，就是我管轄的範圍。只有這樣，我們才能在小廚房裡相安無事。

他端咖啡出去時，我需暫時原地不動，如果我手正插著腰，那就得將手放下，因為手肘會撞到Ben而打翻他正要端出去的飲料，如果我蹲著烤麵包看烤箱，他需要等我站起來時，才能出去送東西，這就是我們在廚房裡的工作情形，很像在玩123木頭人。

不適合套 SOP 的風格小店

開了店才知道，怎麼我的方式和書中教的戰略手冊完全不一樣？要照著訓練守則的內容來接待客人，照本宣科地說：「親愛的顧客你好，歡迎光臨本店……」「本店推出……」這完全不像自己原本的說話方式啊。

像這樣和客人之間保持距離、像機器人一樣重複性的話語，感覺較適用於大型連鎖店的接待方法，若是個人經營的小店，或喜歡窩在小店的客人，應該喜歡聽到老闆是用自己的真感情來招待客人。

市面上教人創業的書，或是電視上財經節目專家談的，大多都是以大企業的立場來寫。例如，找工讀生站在路口發放傳單，不過這樣茫茫大海撒網的方式，一開始或許有立即的效果，但是拿折扣宣傳單進來消費的客人，會不會是你的目標客群呢？

店內的裝飾、氣氛，還有料理，當每個環節都對了，最後的關鍵是店主和客人之間是不是產生了共同的連結，和客人之間建立關係，才是小店獨具魅力的地方。

lesson 1
小是美好的

「店這麼小,有沒有想過要換比較大的地方呢?」客人看我店太小,希望我能再換一間大的店面,可以容納更多的桌數和更多的客人;不過我覺得小間的店,每天總是看起來高朋滿座,感覺人潮比較多又熱鬧的樣子,當其它客人看到裡面滿滿的,也會有股想要進去坐坐的衝動哦。

去了解客人,以及讓客人了解你

小店其實還有一個優點,就是可以找到和你對生活事物、理念相近的顧客。像在結帳的時候,有一些屬性相近的客人,會因為一個話題而聊起來,當下次他們再來時,就可以繼續上次的對話。重要的是,小店能以面對面的方式接待客人,客人也較容易了解主人的想法及理念,較快拉近彼此的距離。

lesson 2
把「朋友般」的客人聚在一起

在還沒開店之前，對於咖啡館的印象，停留在客人各自做著自己的事或看自己的書，甚至有些人根本不想被打擾或是希望老闆不要認出他是否有來過。

當自己開了店，才體會到松浦先生在《設計 X 咖啡》中說：「在一家咖啡館裡，會遇到同性質的客人聚在同一個空間裡，當這樣的客人和店主人的調性相同時，就很容易變成朋友般的客人，而我喜歡這樣和樂的氛圍。」

一群契合的人，默默支持著你

他們是一群了解你店的個性、真心喜愛和支持你，希望你的店永續經營客人，當他們和朋友聊起你的店時，就像介紹自己的好朋友讓別人認識一樣。

小店能持續經營，得感謝有這樣一群朋友般的客人，因為他們希望你的店能一直存在，就算在自己不能來的時候，也會想推薦給自己的朋友，默默地支持著你。

這群與你契合的人不會要求你鞠躬哈腰，也不會要求提供特別的服務，他們把你當成「自己人」而非店主和客人的關係。

話家常的打招呼方式

「你頭髮留長了耶！」「你牙套拆掉了！恭喜恭喜！」「你打工度假回來了？」從他們踏進店裡到坐下來這短短時間內，我們的對話就像朋友般，客人也會回應我說：「我好久沒來這裡，你還記得我耶！」「黑兔兔，你今天精神很好哦！」「餓了嗎？我買了車輪餅給你和 Ben 先填肚子」「我帶好朋友來，他們很好奇，為什麼我一天到晚出現在這裡？」

這樣話家常的打招呼方式，讓他們在店裡無拘無束、感到自在，也會把自己最真實的一面表現出來。

最熱心的解說員，
幫忙介紹店內特色

樓下傳來一陣聲音，「這家店原本是製
作婚禮小物的地方哦，後來變成咖啡屋」
「上面雖然很小，桌數很少，但是很有趣
哦」……原來是客人正在向朋友介紹店裡
的故事，進門後，會再推薦店裡的餐點，
他們已經代替你和新朋友溝通，間接縮
短和我們的距離感。

叫出你的名字

每個人都是獨一無二的，都有自己的名字，無論是誰，大家都喜歡能夠
認出自己的人，如果有一定的熟悉程度，我會正確喊出客人的名字，不
使用「小姐」或「先生」有距離感的稱呼方式，客人會開心地說：「你
知道我的名字耶～」

心情有點 Blue 時，彼此打氣

某天打烊後，我聽到有人上樓的腳步聲。
「是妳！怎麼來了？」我好奇又驚喜地看著這位熟悉的客人。
「看妳的燈還亮著，特地來和妳說一聲：我終於考上了！但是，我要離
開基隆念書，以後就不能常來了。」
她常來我店裡的這段時間間，其實我們沒有太多的交談，只是彼此微笑
的點頭，我知道她來了，坐在同一個位子。有一天她結帳要離開的時候，
我告訴她說：「你今天氣色很好哦，是不是有什麼開心的事。」
隔天早上，她傳來 FB 私訊：「昨天是妳第一次這麼熱情地跟我打招呼
聊天！通常我都是一個人靜靜的坐在老位置上看書，而且，妳竟然有發
現了我的小小改變！」
這位女孩希望能應徵上理想的職業，在一個月的面試期間，總共被拒絕
了 5 次，她形容她的心情就像主動告白卻被拒絕一樣，「我開始懷疑自

己真的有那麼差嗎？離開公司後，我終於忍不住哭了。」

我看到這封訊息，也和她分享了我的故事，我想告訴她，不要輕易放棄，如果妳做的不是自己想做的事，會不停地換工作，不斷地尋找自己。

以我自己為例吧！

我堅持去做我想做的工作，這樣我才有熱情和動力，去面對往後的漫漫歲月。如果當初我放棄，現在就只能夠羨慕著別人。」

女孩留言最後寫著：「希望有一天再跟黑兔兔見面時能夠很開心，而且驕傲地跟妳說我已經實現夢想了。」

那天晚上，在她走上來的那一刻，我知道她做到了！

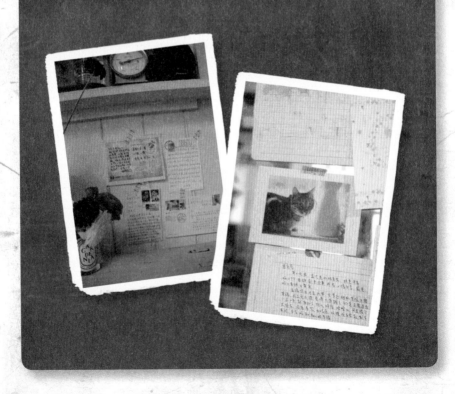

悄悄送上加油鼓勵的小紙條

我有一面明信片牆，看到客人站在這面牆上看著大家的留言時，我很感謝這些寫加油感謝紙條的客人，因為我知道要將這些字條遞到店家的手中是需要勇氣的。

那，這些小字條都怎麼到我手上的呢？害羞的人，會將它放在桌上，每次等我收桌子發現時，都有種收到情書的心情。也有看似安靜又冷冷的女生在結帳時，匆匆的拿給我一張明信片，然後迅速離開，快到連我謝謝她的機會

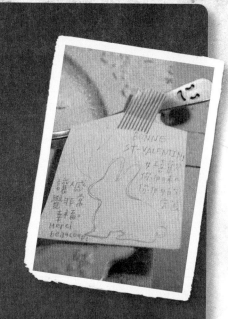

都沒有。最可愛的是高中生，她們會拿出工具現場加工卡片，然後在離去時親手交給你。每張小紙條送來的形式都不一樣，紙條雖輕，但在我的心中卻很有分量。

有緣的人，會在這裡邂逅

當店裡的每個人都像朋友般，大家的氣質相近，在整家店散發出融洽氣氛的環境下，是同類型的客人最能放鬆的狀態。

在店裡常會有獨自前來的客人又認識了另一個客人，最後因為某個共同話題而聊了起來，然後他們又在 FB 交換訊息和心情，成了真正的朋友。他們離開時對我說：「好神奇，在這裡可以認識新朋友耶！」

有一回，從新竹來的客人，她在店裡不久後結交了一個也從新竹來的朋友，結帳時，她告訴我，原本看我的 FB 寫的這篇文章像在看別人的故事，覺得不可能會發生，沒想到在這裡也認識了新朋友，真是不可思議！

lesson 3
記得客人的臉

個人小店和大型連鎖店最大的不同，就是店家和客人間的距離，一看到顧客的臉，若能說出和彼此之間知道的關鍵字，「你就是上次背著用咖啡袋子做成包包的那女生，對吧！」「基隆天氣好嗎？最近宜蘭都下雨！」我會覺得這家店好酷，這麼多人來來去去，自己卻有被特別照顧的感覺，實在太感動了。

其實要記住客人的名字比較困難，若是去記得一些關鍵字或情境，就容易記住客人的樣子。

收集情報，聊天交流好題材

有共同話題，也很容易記住客人的臉。

在我的櫃台上面，有一疊小紙，記著和客人聊天，收集來的小情報，舉凡「哪裡有一家很厲害、可以有效治癒咳嗽的中藥店」「哪裡可以找個人攝影師拍婚紗照」「若要去宜蘭、台中、嘉義或蘭嶼要住哪間民宿」「一定要吃什麼巷內好料」等，只要聊天裡，聽到一些關鍵字我會趕緊拿紙筆抄下來。不知不覺間累積了這些資料，又成了和其它客人互動聊天交流的好話題。傳遞訊息出去，在對話中引發共鳴，而這個話題就是擔任著縮短客人和店家之間距離的重要角色。

可先主動拋出一顆球

當然，不是每一個客人都會主動找話題，有些客人其實很想和店家說話，但是怕打擾到工作，這時，我會試著引一個話題，如果對方有回應，我才會繼續；如果對方默默的沒有動靜，我則會離開，讓他們安靜的享受這個空間。

在一個週末夜晚，一對年輕夫婦來到店裡，看到先生對我的店感到好奇，直覺告訴我，這對夫妻應該是有事來找我。所以我先試著主動拋球，找個話題做個引子。我看到他們從書櫃中拿出一些布置的書來看，知道他們喜歡居家生活類的刊物，我藉機拿出其它幾本好看的雜誌，走過去試著打開彼此的一扇心門：「這本《FIGARO》也很好看哦！裡面也有一些不錯的圖片，你們應該會喜歡！」我把書放在他們的桌上，然後離開不打擾。後來先生主動走過來告訴我，他們是專程來找我，想請教我

一些事，於是我們在那晚聊了很久，最後，他說，一開始不知道如何找機會和我們說話，還好我有先拋出一個話題。

或許你會問，我怎麼知道他們是要來找我說話，還是單純只是找個店坐下來吃吃東西呢？我有時可以從客人的眼神、肢體動作知道他們的需求是什麼，他們會散發出友善的訊息及笑容，就像是朋友來你家做客一樣，貼心而善解人意。這時候直覺會告訴我，他們有可能會變成你的朋友哦，開店這幾年來，細數來店裡的客人最後變成朋友的，他們都有這樣的特質。

提問的契機

關於交談的內容和方向，只要能抓住和客人說話的時機，並不會有太大的用語限制，唯獨要注意的就是，千萬不要去問客人「好吃嗎？」

這句話最不適合做為和客人說話的開頭用語，因為若是真的不好吃，有些直腸子的客人會直接說出：「跟我想像的有落差！好失望」若是溫和客氣的人，雖然難吃但回答實話實在很尷尬，最後表情不自然的說：「好吃」，然後快閃離開！就怕老闆再追問下去，最後不知如何收場！

在談話時，我會盡量避開吃的話題，如果請客人試吃新餐點，也不會去追問新的甜點好吃嗎，這樣彼此才不會感到不安哦。

不諮詢專業問題，安心享受聚會

還有一種話題，也需要避免，當這位客人具有專業的知識，要避開諮詢專業意見，讓客人好好享用餐點。舉個例子，當我知道客人是位皮膚科醫生，千萬不要纏著對方問：「醫生，你可以幫我看一下我臉上的斑點嗎，要怎麼去掉比較好？」或是來了一位律師客人，你不能把自己遇到的疑難雜症，要求人家幫你解答，因為在這個時刻他們並不是來工作，也不是來這裡為你做免費的諮詢服務，他們是來這裡休息放鬆，享用下午茶，並不是在上班。這類型的客人很有禮貌和修養，在當下並不會拒絕你的要求，但其實已經造成對方壓力了。試試看，聊聊其他的話題，好比日常生活或對方有興趣的內容！

lesson 4
認同你的經營理念，緣分才會如漣漪般擴散

基本上，店裡會有目標客群以及非鎖定的客人上門光臨，像是小空間較不適合大型的朋友派對聚會，若屬於幽靜的空間，來了嗓門比較大的客人，空間氣氛就會變得不一樣。當然這些顧客也非常重要，不過，要將他們凝聚成「朋友般」的客人，確實有點困難。和你個性契合的顧客，因為認同你的經營理念，才會帶出好評價。

有一天接了一個電話，電話那頭有位女生很熱情地說要帶母親來我這裡，我聽了之後，很認真地和她說明：「通常長輩或媽媽們不會喜歡我這裡的，因為我這裡空間很小，沒有舒服的沙發座椅，椅子硬硬的，沒有華麗的裝潢，相信我，媽媽們不會愛的，你要不要考慮一下？」

「不會的，不會的，你不要擔心啦！」女生堅定地告訴我。

過了不久，媽媽和女兒上來了，我發現媽媽在推開門後神情不是很自在。沈默許久後，媽媽終於開口表示想離開，我用眼神示意和女兒說：「媽媽好像不太開心，沒關係的，下次你再找朋友一起來就可以，先帶媽媽去吃大餐吧！」。

世代的差異，對於空間的喜好和感受也會不同。像年輕人總喜歡把新的東西弄得舊舊破破的，好比 Ben 的牛仔褲有個大洞，丟進洗衣機後，神奇的事發生了，牛仔褲變成新的。原來是 Ben 媽拿去補起來。有一天我的木工師傅經過我這，走上來看看我們，他說如果當初你要請老師傅來刷油漆，肯定溝通不良，因為他們會把你的房子刷的油油亮亮、閃閃動人吶！

從客人的消費行為也可以看出哪類型的顧客會是認同你店裡的人。

客人 A：

會先詢問你的餐點分量有多大？飲料容量多大一杯，有幾 cc ？價位多少？有低消嗎？要求先看菜單。如果一條街有很多咖啡館，並不會拘泥於哪一家，重視價格和餐點內容物，如果你比其它店家便宜就會優先考慮。

精打細算

最重要的是對自己有沒有好處，對於有折扣有好康的店家會有反應。

客人 B：

聽朋友介紹，或是看別人寫的網路評論介紹，抱著好奇心來看看這是一家什麼樣的店。對店內的餐點或是店主經營理念不甚了解，藉由報導是不是有名，跟著大家一起趕流行。

聞香而來

會看你的店有沒有被媒體報導，讓不安的心情安定下來，認為大家會排隊的店一定是人氣商店。

客人 C：

是你部落客的格友，或長期追蹤你的臉書動態，對於你的經營理念相當了解。比起餐點本身，店內的氣氛或是由什麼樣的人來經營是最重要的。

跟著感覺走

是較重感覺的客人，比起商品本身，人和人之間感覺對了最重要，對於店家的故事或想法會有反應。

不是每個客人都可以變成朋友，若對方不認同你的經營理念，很難懂你的想法時，就不要勉強。但這 3 種類型的客人中，其中一種會和你變成朋友般的顧客，經營好好觀察，就可以區分的出來哦。

lesson 5
讓每個人的心都洋溢著幸福，是我的任務

對於第一次來嘗鮮的客人，或第二次第三次重訪的客人，都要有專屬於他們的招呼方式。

第 1 次來的客人：試吃的心情

第 1 次來的客人大多是抱著試吃或是看看的心情，還不能算是真正的客人，能不能拉近彼此之間的關係，得憑感覺。假如感覺不錯就會再來，感覺不好的話，就不用說第 2 次了。他們一開始進到小店空間，會覺得不好意思或有些不自在。先讓客人熟悉環境不主動打擾，若屬於你店內類型的客人，試著找一個輕鬆的話題，看見喜歡和貓玩的客人，我會問「你也有養貓嗎？」，有時會因為貓的話題而拉近距離哦。

第 2 次來的客人：縮短距離感

對第 2 次來的客人若是帶新朋友來，我在介紹菜單時，會說：「我記得你有來過哦，那麼我把點餐鈴交給你了！」會用比較像朋友的口吻招呼，拉近距離。客人也會告訴我上次聊了什麼，延續話題。

第 3 次來的客人：不喜歡被當成新顧客

短期間來 3 次以上的客人，對這裡相當熟悉和放鬆，他們不喜歡被當成「新顧客」，雖然他們不要你的特別招待，但期待你把他當成是自己人或朋友一樣熱忱的招呼，

不論任何商品或店家都會有生命週期，當客人的喜好或價值觀改變，或市場上模仿削價競爭等因素，都有可能影響客人再次光顧的意願。如果是普通顧客，當他膩的時候可能就不會再來了；如果是像朋友般的客人，只要你還堅持著當初創業的初衷，只要你的店還開著的一天，他們永遠都會再回來。

GIFT & CAFE

SINCE 2006

開店最常被問到的 5 件事

Q1 為什麼選在基隆呢？

其實我和 Ben 本來要去三芝的！

最後會決定留在基隆，是因為 Ben 從小在基隆長大，Ben 媽曾經和我們說過一句很重要的話：「你們年輕人剛創業，肚子（吃飯）要顧好，不要亂吃，所以你們就留在基隆打拚啦，回家也不用擔心晚餐啊」。（直到現在，每天打烊回到家已經是晚上 10 點半，Ben 媽還是會等到我們快進家門，才開始現炒青菜，做晚餐給我們吃，很謝謝 Ben 媽的照顧。）

基隆不是什麼熱鬧的地方，沒有年輕人願意留在這裡發展，我曾試著問過想開店的年輕人，為什麼不留在基隆打拚，大家都說不看好這個城市，害怕沒人潮。

我曾經被走上店裡來的過路客嘲笑，你們開在這裡，不擔心嗎？我笑笑地說：「機會或是人潮是靠自己的雙手及勇氣創造出來的」而且在不景氣或逆境的時候，反而可以找到自己的機會。2009 年金融風暴時，路上的空店面很多，一空就是很久的日子，在不安的時候，人們相對變得保守，這時候反而是最好的時機，可以用比較便宜的房租租下店面。

Q2 尋找店面時，我的腦袋在想什麼？

「黑兔兔這房子是租的，還是自己的？」我說：「租的哦。」，再問：「那為什麼會選這間呢？」這個問題，可能可以寫下落落長的一篇，不過最簡單的想法是：我理想的畫面，可以看得到屋外的四季變化，還有外頭的人群，感覺比較不孤單。最最重要的是，要有自然採光，每天有陽光的照顧，拍照也不用打光哦。也許是以前的工作環境，待在看不到外面是白天還是黑夜的高樓裡，所以希望自己的工作環境，可以看到外頭一天的變化。

還有，位置要距離火車站近一些，最好走路就可以到達，因為這樣我要去台北也比較方便（哈），其實是擔心客人如果大老遠來到基隆，若還要換公車或是再轉乘才能找到我們，對外地人來說怕不方便，也會感到麻煩而退縮。不過最重要的是，還是要自己覺得待得舒服的空間，那就 ok 啦！

現在我租的這間工作室，是坐客運回基隆的路上瞥見的，它是一棟矮矮小小的老房子，整排房子望去，它最吸引我，2 樓有一整面玻璃櫥窗，當時櫥窗貼了一張好大的租屋紅字條，我心想「就是它了」。

Q3 你們是先去學做餐點、煮咖啡，然後才開店的嗎？

我們是開了店才開始慢慢學習的。

每次被問到這個問題，我都有點不好意思，就好像被人家問到：「你英文或法文一定講的很好，才敢一個人去旅行？」我急忙搖頭說，我英文哩哩辣辣的，只會說三句法文的問候語。想一想，我只有一顆「憨膽」和有一股很想去做的衝動，是這些元素加起來，讓我陸續完成了一些事。

工作室變咖啡屋的前半年，前輩寬哥將他的古董咖啡機割愛給我們教我們煮咖啡，到現在我都還記得 Ben 第一次打奶泡，手忙腳亂的樣子。

不過寬哥鼓勵我們，一開始難免慌亂，但只要邊做邊調整就可以了，如果不開始，什麼都沒有。如果我要等學好法文，英文也要對談如流，那麼我可能這輩子哪裡都不能去了；同樣的，開一間小店的心願，也只能想一想，然後偷偷放在心裡。

Q4 為什麼叫黑兔兔？不叫黑貓貓？

我在念書的時候，當年大陸有個小女孩叫古小兔很火紅，也許是我的 2 顆超大門牙像隻兔子，同坐校車的大目仔學長、阿德學長就戲稱我叫古小兔。後來也成了我的綽號。

26 歲那年，我在台中朝陽科大念夜二技，在宿舍養了一隻黑色的兔子。有一回騎車經過寵物店，看到一個小小的圍欄裡，有許多紅眼睛的小白兔，其中有一隻黑黑小小的躲在角角邊。照顧牠的人說，這隻黑色的一天到晚想逃跑，有一天已經翹家溜到門口去了，關都關不住，我看到牠好像看到自己一樣，沒有人關得住，想盡辦法要過自己設定好的生活，就算到外面會吃苦，也要想辦法往前衝。我和照顧牠的人說：「我可以帶走牠嗎？」我叫牠臭寶，牠陪伴我人生最低潮的歲月，我的部落格名字及後來的暱稱都取名叫黑兔兔。臭寶陪伴了我整整１０年，在工作室成立不久後便離開了。這就是黑兔兔的由來。

Q5 桌數這麼少，這樣投資報酬率會不會太低？

很多人擔心地問我。才這幾張桌椅有錢賺嗎？也許，一直以來我都沒有把這裡定義成咖啡館，而是以同好交流的小場所來經營。能認識一些很棒的人、遇到很精彩的故事、看到一些很好玩的手作物，是開店最棒的收穫。

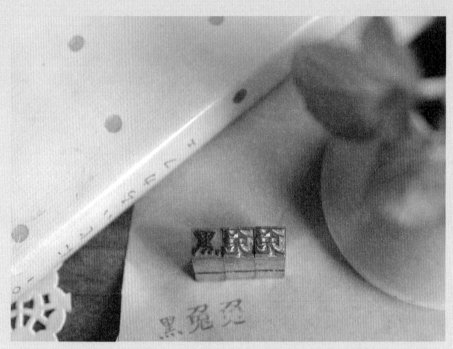

輯三
開店圓夢提案
給「好想開一家店」的你

我們一家都開店
算得太清楚，終難踏出第一步

某天打烊趁阿 Ben 在洗碗盤時，我偷空在《川普、清崎點石成金》書中，讀到了一句很有道理的話：「要是我知道創業有多麼辛苦，我或許就不想創業了。」不過，為了給想自行創業者一些「美好遠景」，他補充道：「我很慶幸自己當初不知道這些事，要是我當初知道這些事，可能就沒有今天的成就。」

上面這段話是清崎在演講時，對想創業的人說的。

我看到這兩句話時，傻笑了一下。

確實，當初我對於什麼是投資報酬率、翻桌率、怎麼算利潤一竅不通。有一次在學學文創分享開店心得時，台下的聽者問我，妳的週轉金準備多少？幾年回本？我當下就被問倒了。

我很誠實又帶點抱歉羞愧的語氣說：「那些我都沒有算過，也不太懂」。

套句清崎說的，我很慶幸自己不會算那些數字。如果認真算起來，還沒做，光紙上作業，換算房租租金、水電費，想到一個月要先賣出 300 杯的咖啡給房東、水電公司，我就先退縮一半了。不算還好，好像算得越清楚，開店的藍圖會越來越遙遠模糊。

point 1

把「我想」改成「我要」，
練習說：「在幾歲時，
我要開一家＿＿＿店」。

幫姊姊開店 6 要點

好想開店哦！
客人在結帳時會閒聊一下，「好想開一家這樣的店啊！」，我認真地說：「那就開吧！想什麼呢？」接下來，對方的回應通常是：
「可是……錢還不夠，等我存夠錢再開。」
「可是……不知道要賣什麼？等我先學會了什麼再來開始。」
「可是……沒有人潮怎麼辦？」
「可是……算一算翻桌率，你只有這幾桌，不太符合經濟效益。太冒險了啦！」
總之，再等一下好了。

我回想起當初執意要租下這間工作室，不顧阿 Ben 的反對及恐嚇，沒有去思考有沒有人會來？沒有太多的創業金在手上，加上他恐嚇我要整天關在店裡，假日不能和家人朋友聚會，這一連串的威脅也無法擊退「我要」的念頭。

我把每一次設定的目標，都以「我要_____」來增強信念，不說：「我好想去旅行哦（相信許多人把這句話掛在嘴邊好久，一次也沒有去成）！」請練習這樣對自己說：「我 29 歲要去紐西蘭自助旅行，我 35 歲要開一家心目中理想的店。」每一次的決斷塑造了今天的我，使我完成了許多事。

point 2

事情永遠沒有準備好的那一天
——你準備好要接受挑戰了嗎？

「如果一直覺得自己沒有準備好，是不是就直接放棄算了？」這是我第一次對大姊說出重話。

大姊從小就是資優生，她念北一女的時候我念國中，早上她去上學我很愛當小跟班，覺得和穿綠制服的姊姊出門很拉風，下課後，也要跟著她去南海路的書店當文青。大姊知道我功課很爛，把我帶去K書中心，她念書我趴著睡覺，當時隔壁有位建中三年級的大哥哥，寫了一張小紙條鼓勵我，內容大意是希望我也要好好讀書（可能我睡的太誇張了吧），姊姊後來一路念到清大研究所，我則是繞了一大圈，30歲才完成大學學業。我們姊妹倆真的很不一樣，她按部就班有條理，做任何事絕對不會讓家人擔心，和我想做就做的行動派，簡直天差地遠。加上我們有個強勢的媽媽，姊姊和媽媽相處這些年來，在高壓下學會逆來順受；我也許是和爸爸長期生活，

在沒有媽媽的制衡下，變得獨立自主——這是比較好聽的說法，實情是我變得很有自己的個性和想法，想做的事，誰都攔不住，非得自己碰撞走過一遭，才會乖乖死心。姊妹倆各自發展出不同的性格。

媽媽故意在客廳大聲地對我說：「你姊想開店，我說不可能，她的個性比較適合待在公司，做上下班的工作啦。」

姊姊把工作辭了後偷偷告訴我，她想要開一家有花園的小店，之前其實已經看到一處有綠草地、大片玻璃、停車位的空間非常很喜歡，來來回回看了不下千百次。只是，她一直將這個秘密放在心裡，卻遲遲不敢行動，一方面覺得自己還沒有準備好，另一方面我們還有個「很厲害」的媽媽強力阻止。我告訴姊姊開不開店、要不要創業的問題點，並不在於存多少錢的「數字」，關鍵在於「安全感」及做好心裡準備了嗎？

point 3

風格小店，吸引的是志同道合的
朋友，人潮是自己創造出來的。

媽媽私底下和我說：「知道你姊想在這裡開店後，我就每天騎腳踏車來附
近坐著，看看這裡一天到底有多少人會經過，結果是！沒有人會來這裡，
叫你姊死了這條心！」

原來我媽早去市場調查過，只差沒有拿出計數器來按，不過也不用按，我
自己親眼去瞧過，整天下來，半個路人都沒有。

我知道我媽在暗示我，希望我能勸退我老姊，我往她的房間走去，想和她
聊聊，從門縫中，我看到姊姊在小小的房間裡，整理她喜歡的園藝道具，
照顧她種植多年的多肉植物的身影。媽媽極力阻止姊姊想開店的念頭，讓
姊姊的背影失去了活力，不知要為了什麼而努力……

我實在看不下去，這樣會讓她失去鬥志的。

我的敢衝和姊姊溫和的逆來順受大不相同，我和媽說：「這裡人潮少，路人不多，但我們經營的不是順路經過的人，是讓懂我們的朋友，能有一個喜歡的地方聚聚，大家一起玩些有趣的東西，你就讓姊試一試吧！」

我和姊姊說：「這個小花園也許不會有很多人潮，不會有太多人經過，但會去妳工作室拜訪的，相信都是志同道合、頻率相同的朋友，這樣就足夠了。」

point 4

不跟隨潮流，
把「自己喜歡的東西分享出去」
的心情傳達給每個人。

姊姊在 2005 年開始經營部落格，分享她的陽台小花園和照顧多肉植物的大小事。

約在 10 年前，姊姊還是竹科工程師時，我們有一天大半夜不睡覺，在電話中聊起：「有一種網路平台叫電子報，可以放照片，可以記錄生活中有趣的事情，你要不要試試。」

於是，我申請了一個帳號，開始分享一些簡單的手作和住在倉庫的小事情；姊姊也在被我大力慫恿之下，開始在 PC HOME 的新聞台，記錄她在小陽台做了些什麼，像是把一片薰衣草的葉子拿去阡插，又可以生出一株小小的薰衣草，只要和園藝花草有關的她都愛。

因為住在 11 樓，索性就把新聞台取名為：「11 樓之 2 的小花園」，單純

地分享她喜歡的事，幾年後，姊姊的新聞台開始有格友會問她關於種花的大小事，有時大半夜我還會看見她在線上回應留言，經營幾年後，她在網路平台找到了信心和熱情。

後來出現了無名小站，更像是專欄式的寫法，可以分享更多照片，姊姊開始固定發文，寫些和園藝有關的專業知識，也分享她在職場上的心情故事，經營部落格長達 10 年的時間，也慢慢地經營出自己的小小品牌 —— 11 樓之 2 的小花園。店鋪的方向也以下午茶結合花店的形式來經營。

若是很想開店又擔心不知道能販賣什麼，可以從最拿手的事情或有興趣的方向開始，傳達出很想把「自己喜歡的東西分享出去」的那種心情，相信客人會感受到的。

point 5

陪伴生活的店鋪慢慢磨出心中樣貌，自己動手規畫是件幸福的事。

姊姊的店鋪由我和 Ben 幫忙完成設計圖，硬體大架構則交給專業的木工師傅來施工，其他細節就交由姊姊一人來處理，每一天她只能完成少少的進度。

好比說，今天她只能先上補土，再把木作有釘槍釘過的凹痕先補平，等隔天早上補土乾了，才能再用砂紙磨出平整的木牆；等這些步驟完成後，天也黑了，待大後天才能開始塗油漆，在等待油漆未乾的時間，再去山上找二手廢木做長桌；還有吧檯的黑板漆等著上色吶……她的進度每天龜速般地一點點前進，「雖然這些工都可以花錢請專業的師傅來作，但畢竟這是將來要陪伴我生活的店鋪，我知道這樣做，不但沒有辦法像專業的那麼漂亮又快速，但是能自己親手塗油漆，自己尋覓適合的家具，做出心中理想的小花店感覺，生活在這裡就會讓人覺得很安心！」姊姊這樣說著。

隔壁的房東太太看著姊姊，每天早出晚歸的在屋裡忙進忙出，花了 5 個月漫長的時間，還遲遲不見開張的消息，反而替姊姊捏了把冷汗擔心極了，媽媽也是，眼看房租一個月一個月的燒，心急如焚燒出心中的一把無名火，她老人家不懂，一般開店做生意，不是 1 ～ 2 個月，就要搞定裝潢設備、開門營業了嗎？「沒有人開店這麼慢的啦！」

有一天，我問姊，「你這樣慢慢弄、慢慢布置，然後兩個月過去了還沒有看到結果，房租還是得每個月繳，老媽好像抓狂了耶……你會不會著急？」

電話那頭她深吸了一口氣，慢慢地回答我說：「你知道嗎⋯⋯我等這個機會等了 10 年，但為了顧及家人的想法不敢追夢，把它壓在心裡，當初我從竹科工程師，轉職到不被家人認同的壽險顧問，雖然人自由了，可以不用綁在辦公室，但心卻不自由；我⋯⋯都磨了 10 年，不怕再多磨這幾個月甚至半年的時間，媽雖急，但我和媽溝通了，我想她會明白的」。

因為會擔心家人心情而放棄夢想的人，她就是我姊姊，相反的，我是那種沒有追到夢想絕不放棄的人，是處在讓家人擔心的妹妹。

這個從小會把我帶在身邊又常被我弄哭的姊姊，和往常逆來順受不同的態度，看著她一路都是當家裡的乖乖牌，這次終於擺脫束縛為自己而活。我，也在心裡默默地支持她。

3 個月後，我問老媽，後悔讓姊姊開店嗎？媽媽望向窗外那片她從播種開始照料長大的波斯菊小花園，燦爛地笑著回答我說：「不會啊，不會後悔啦！我每天早上要來照顧這些花，我好忙啊！」姊姊偷偷告訴我，媽媽和她說：「看著鄰居同年紀的人一個個離開，她說她要健健康康，她還有好多夢想還沒完成，還不想那麼快走。」因為有了這個地方，媽媽比我們這些年輕人還熱血！

point 6

要有一個熱中的
興趣陪伴到老。

記憶中在我小學時，我的熱血媽媽會到很遠的地方去買樹買花，然後我們
這群野孩子要幫忙搬土和盆栽，從一樓扛到五樓樓頂，爬上爬下氣喘吁吁
好幾趟，我家的樓頂最後變成了空中花園。

媽媽現在 60 多歲了，興趣依然沒變，不但會搶姊姊的日文園藝書來看，除
了從圖片中找靈感來種多肉組合盆栽外，姊姊還派給媽媽一個名為「多肉
組合盆栽的維修保養」的新工作。

這份園丁看護的工作，讓愛花愛草的媽媽更忙碌了，媽媽要將同學澆太多
水或缺乏太陽而變瘦的多肉植物，細心地照顧和整理，可能要修剪，或多
補幾株新多肉，然後用力澆水，經過 2 個星期的看護後，媽媽覺得多肉肥

嫩飽滿後，就可以讓同學領回家！這成了媽媽的「一番小小事業」。

在我媽身上，我發現，有一項嗜好陪伴到老非常重要，它不必有壓力、也無須縝密的計畫。也許有一天，這項嗜好會變成你的專屬創意，或是成為日後創業的方向也說不定？

環顧我周遭的朋友，乍看好像都不務正業，那是因為他們累積長時間的興趣而悄悄地改變了原本的工作型態，然後把興趣變成了事業啊！

カフェオレボウルで
ごちそうスープ

開店前給自己的
練習題

這幾年在店裡認識了許多朋友，在和他們聊天的過程中，我知道每個人心中都有一個開店的夢想。仔細和他們交談後發現，有些人還沒找到擅長的興趣，還不清楚自己可以做什麼；有些人已經擁有很專業的技能，但是心裡有個關卡跨不過去；有些人的興趣很獨門，但是真要馬上就開店，他們就是放不下現階段穩定的收入來源。人生只有這一次，無論幾歲，每個人都可以重新開始，也正因為人生多繞了一大圈，多了點歷練，才更知道自己想要什麼。

自己的 POWER

「夢想著開間風格小店的你，
開店的動力來源，還有最初的起點是？」

找出自己的價值、改變現狀

對於先把工作辭掉，再想辦法去「學點什麼來創業」或「再來慢慢培養興趣」的想法，是很冒險的。有一位女孩在 4 年前寫信告訴我，她是剛從學校畢業一陣子的社會新鮮人，有一份人人稱羨的工作，但她覺得在這份工作中找不到自己的價值，很想改變現狀。當年 26 歲的她不想留下遺憾，恨不得馬上離職，做她「腦海中」喜歡的事情，她在信中，告訴我她很喜歡手作，但礙於大學非相關科系，沒有相關的經驗也沒有基礎，目前還無法明確知道自己喜歡的是哪一種，也許等離職「有了時間」，就可以慢慢找到方向。

「等我離職有了時間，再慢慢釐清方向」的想法很冒險

讀這封信時，我最擔心的問題是，女孩還沒有找到自己喜歡什麼，如果就這樣貿然離職，風險較大，有可能瞬間沒了固定收入來源而擔心生活，反而無法好好學習導致兩頭空。如果可以利用假日或下班時間開始培養「興趣」，一方面將空閒的時間用來提升生活或自我投資，另一方面讓生活不至於匱乏或擔心，這樣可以同時找到平衡點，生活也會變得更豐富，或許等到一切都準備好了，機會自然就會來敲門了。

我回信建議女孩，可否繼續留在原崗位工作不要輕易離職，原因是，有一份保本（能填飽肚子）的工作很重要，它能維持你的興趣，還能讓你保有餘裕利用休假做自己喜歡的手作，然後 PO 在自己的部落格或臉書上，擁有屬於個人的小舞台，待時機成熟後，再考慮將這份興趣變成你可以賴以維生的事業也不遲。

3 個月後，我收到這位女孩的來信，她告訴我她已經離職了，目前北上暫住在親戚家，「因為台北有比較多的手作老師可以學習，我也有充足的時間上課，也會常跑書店去看手作類的書籍，或許可以慢慢釐清，我喜歡的是什麼！」

每天變得令人期待，興趣已經和生活融為一體了

女孩陸續報名參加羊毛氈、飾品製作、水彩畫畫、西點蛋糕烘焙等課程，也因為透過學習，有了更深的體會：她認為自己的手沒有那麼靈巧，有些課程只能當興趣但不能變成職業，或許可以陶冶自己的心靈，但要靠它們維生得再深思熟慮；而有些材料費用較高的課程，女孩日後也沒有再繼續學習了。女孩並不想那麼快

放棄：「也許再試試別的，內心雖然還是有點迷惘，但我還是繼續努力。」

經過一年漫長的歲月，女孩寫了最後一封信告訴我，因為家裡的因素，她不得不做一些改變，打工賺來的費用，只能剛好支付平日的生活費和學習手作的費用，如果上太多課，生活費就不夠用，也需幫家裡分擔家計。

「最近考慮是否開始要找一份穩定的工作，若是有穩定的收入，我甚至可以利用下班時間繼續學習，我覺得自己好矛盾，明明最想要的還是手作，卻跑去考公職人員，可是在現實社會中，還是需要經濟的支持，沒有錢很多事情也無法實現，所以自己也很猶豫，不知道該如何是好……」

我很想告訴女孩，興趣不是在短時間或其他人的強迫下，勉強安排而來的，它是你的一種日常生活習慣，像是呼吸般自然、無時無刻都想要去接觸，是一種進行式且自發性的，是一個片刻接著一個片刻，更不會因為遇到困難而停止，因為你會想盡辦法去克服。興趣是從日常生活的喜怒哀樂累積起來的。

雖然繞了點遠路，卻邂逅了好多人、許多事，
釐清了自己缺少的部分

看到這封信，我相信女孩辛苦地繞了一大圈，逐漸體會到自己需要什麼，以及缺少什麼。原本認為因為工作太忙，沒時間做其他的事，但現在有了時間卻沒有固定收入，才發現為了生計煩惱還是沒有辦法好好做自己喜歡的事。

最後，我回信告訴女孩：「手作是一輩子的興趣，是慢慢堆砌培

養而成的，不是一兩年的事，也不會因為你有了新工作就不見了，這才是手作人的精神，因為喜歡手作的人無時無刻都在創作，無論坐公車、下班、假日或是看電視、逛街都會去實踐。雖然繞了點遠路，但也只有自己最清楚自己缺少了哪一部分，相信轉了一圈，想做的事，總會浮現的。」

朋友口中形容的你，就是你的風格

2012 年去克羅埃西亞旅行時，同團的夥伴這樣形容我：「這衣服很像是你會穿的調調」「這跳蚤市場，像是你會去逛的地方」「這東西像是黑兔兔會買的」，一個好久不見的客人送了我一盒餅乾，她說：「在英國念書時，看到這個餅乾盒，就想到黑兔兔！」

多年前，在職場工作時，主管知道我有強烈喜好，也曾因此多次被叫到辦公室勸說：「不要只對某事物有偏好，什麼風格都要試著喜歡試著包容，這樣子做出來的東西才會多元豐富。」

我相信在職場工作要多元，於是，我努力試著接受不擅長的風格及喜好、努力迎合市場及主管的需求，結果做出來的東西卡卡的，成績也不盡理想。

試了幾次我對自己說，以後一定要相信自己內心的聲音及直覺，有喜歡的風格或興趣，就堅定地走下去吧！久而久之，就會樹立出自己的樣子，最後，找到自己心中的那份「喜歡」。如果還找不到自己的風格，可以多和朋友聊聊天，從別人眼中看到不一樣的自己。

網路的 POWER

「開風格小店，
要從何開始呢？要準備什麼呢？」

在準備創業前，先種下一顆叫「機會」的種子

有人說姊姊的 11 樓之 2 小花園一開門，不到一個月就有遠道而
來的客人上門，可能是「運氣好」。不過一家店鋪要順利步上軌
道，背後真的需要付出難以計數的辛勞與苦心，除了別人說的好
運氣外也需要自己創造「機會」，因為人的一生中，不可能一直
仰賴「運氣」來做事呐。

戴爾‧卡內基曾說過：「機會出現時，若能及時掌握的人，十之
八九都可以獲得成功，而能克服偶發事件；若是自己創造機會的
人，更可以百分之百的獲得勝利。」所以，就算有好運氣但沒有
做好準備，即使機會來到了面前，也會因為沒有信心或勇氣，眼

眼睜睜地看著機會從眼前溜走。就像法國思想家孟德斯鳩說的：「每個人一生中，財富都會找上他一次；若他還沒做好迎接的準備，財富就會在進門之後又從窗口飛走。」這兩位學者的說法，都同時證明了「機會是留個準備好的人。」

透過部落格及社群網路，分享心情及個人故事

記得那天下午，我們準備和房東簽約時，房東問姊姊想經營什麼樣的店鋪，姊姊和房東介紹自己：「我喜歡種花及園藝，想開一間有很多花的店，我有一個部落格叫 11 樓之 2 的小花園……」，話正說到一半，房東趕忙說：「我知道這個部落格，我還把它放到電腦裡『我的最愛』裡頭耶！」房東開心打開電腦，滑鼠快速熟練地移到『我的最愛』，找到 11 樓之 2 小花園的連結，我想姊姊不用多作介紹，房東早在多年前已經透過網路認識她，當天也很放心的把房子租給我們。

姊姊透過自己的網路平台分享興趣，也讓大家了解她的專長，幫自己經營出個人品牌，成功地吸引對她的創意或內容有興趣的人來了解「你是誰」。

讓大家看見你

無論部落格、臉書或推特都是很棒的「個人媒體」舞台，我和姊姊也是透過這個管道，發表自己的作品讓別人先在網路認識我們。相較過去沒有部落格的時代，要讓別人看見或聽到我們的想

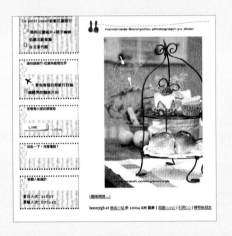

法，得花上好大的力氣；而現在每個人都有自己的媒體頻道，就算沒有在現實生活中碰過面，也會有來自世界各國喜歡你的網友。先讓大家在網路平台上認識你，透過每一則貼文中分享的情緒、觀點、想法，表現出你的個性。網友們從你寫出來的文章、貼文內容慢慢對你產生興趣及好感，近而發展出關係。所以，姊姊的小店，從虛擬走向實體店鋪，這中間的空窗期相對縮短了一些，對於想做的事情，以及如何能感染更多人的方法，也在社群網路慢慢地醞釀成形。

從自己的特殊技能開始思考開店風格

某個早晨我接到朋友的電話，他們是一對想創業的夫妻，在談天的過程中，我發現他們有很棒的點子及想法，這位先生有熱中的興趣，持續進行多年從不間斷，作品更達專業級的水準，久而久之，這門興趣也玩出心得和信心。除此之外，他還有一顆精打細算的頭腦，他曾幫我在店裡計算過，一天要多少的翻桌率、桌子要放幾桌才夠用、來客量要衝到多少、投資多久後要回本，他的左腦邏輯運算能力很發達，只是我和 Ben 雖打從心底佩服卻也聽得一頭霧水。他們夫妻倆的工作收入穩定，也有很不錯的頭銜，

再加上他們仔細地精算過，開店這件事真是一條冒險的路，收入也不比現在上班的薪水豐厚實在，經歷了一年又一年的漫長歲月，他們算得越詳細就越放不下穩定的舒適圈，可是在心裡又不願放棄，想要擁有一間小店的夢想。

直到這位先生前年因為一場職業傷害，在醫院躺了大半年，他是個活潑好動的人，突然間所有的行動都靜止了，步調慢了下來，當連最基本的如廁這點小事都得麻煩別人時，他的心情痛苦又煎熬，簡直是生不如死，這次受傷，讓他對於「生活」這兩字有了不同的見解和深刻的體悟。

跌了這一跤後，這位先生決定要好好地為自己做一件事，就是：將他的興趣變成專門的事業。

他來詢問我意見時，我告訴他，若能在熟悉的工作環境下，把工作做好外又能利用休閒時間，透過網路經營自己的興趣，當你在別人的心中建立了專家地位，建立了品牌認同的社群，自然而然地，網友的力量和鼓勵並推著你往夢想的道路前進，待水到渠成時，你再決定是否考慮開一家實體店鋪還不遲，因為有了網友的支持、有了信心後，就不會感到害怕和不知所措。

抓住任何可以「被看見」的機會

以我為例，店裡偶爾會遇到來自馬來西亞或香港、新加坡的朋友，我會好奇地跑去問他們怎麼會來到這裡，他們說，我看你的部落格好久了，知道你在基隆有一家店，專程來看看你，她們記得我曾住在倉庫裡，「那間倉庫還在嗎？是不是拆掉了？那你現在住在哪？」「我還知道你從法國自己扛回一個和你半個人一般高的

鑄鐵衣架回來，你是因為它開店的。」格友透過部落格認識我的生活，把我的故事又清楚地描述了一遍，我們在店裡的對話，彷彿認識多年的老朋友，馬上拉近了彼此的距離，很快地從格友變成了真正的朋友，這就是網路平台驚人的力量啊。

將你熱愛的興趣長時間經營，透過各種方式讓別人看見或認識你，因為這代表著你打從內心喜歡的事，並不是一頭熱或一時興起的，也因為你長時間的記錄或分享，慢慢地就會經營出自己的品牌及個人風格，創造出自己無可取代的價值，這就是一個「被看見」的機會。

如果你只是把這份喜歡或想做的事情，存在心中或是放在腦海裡很久，不說不寫不曾分享是沒有人會看見和了解你的。

家人的POWER

無條件的愛

因為家人的一句話，我和 Ben 才能無後顧之憂地完成想做的事。
2006 年阿 Ben 想辭去工作自行創業，但又擔心突然沒了收入正
苦惱著，那時 Ben 的媽媽對我們說：「放心吧！你們在家裡永遠
有飯吃、有床睡，人只要睡得著、吃得飽，就很幸福了，還擔心
什麼？」人生正走在徬徨不安的路上，有個人能了解你、支持你，
就像吃了一顆定心丸，產生非常大的加分作用。

離開職場後，我和 Ben 窩在自家的小倉庫，製作手工小禮物在
網路上販售，創業的第一年，我們設計的小禮物鮮為人知，每個
月的收入和支出常是勉強打平或呈負數。我們靠原有的積蓄過活
的這段時間，真的是倚靠家人給予的支持撐過去的，我們每天回
Ben 家裡吃飯，不外食不做其他的休閒娛樂、不和朋友出門，把

物質欲望降到最低，我唯一會出門消費的是逛書店買書，雖然沒有多餘的閒錢，但每個月還是會固定投資在書本上，時時留意最新的消息，讓自己跟得上腳步很重要。最後，我連手機都不敢接，放到忘了充電，久而久之電話不會響，我就這樣過了一段朋友找不到我的歲月。（不敢接手機的原因是怕朋友問：「你現在在做什麼，創業有沒有成功，或是，早知道就叫你不要離職咩，你們這樣撐得下去嗎？」怕聽到這些質疑的聲音。）

稱讚或鼓勵的話語是前進的動力

若你現在正在經歷這段，不知是否該繼續堅持下去的低潮期，請試著多結交願意稱讚或鼓勵你的朋友，多與支持你的人交流。我在《這樣思考，人生就不一樣》（究竟出版）這本書得到了啟發，作者外山滋比古說：「一旦得到他人的稱讚，我們的頭腦就會變得有勁，不知不覺產生力量，而往意想不到的方向發展」。這句話的用意是，「如果大家回想一下過去，特別想想自己走到現在多虧誰的幫助時，腦中浮現的大部分都是稱讚自己的人。」書中還寫了這句令人振奮的話，「就算是毫無根據的稱讚也可以弄假成真。」現在回想起來，那時的我雖然過得苦哈哈，但是只要得到一位買我手作禮物的客人稱讚，我就覺得值得再拚命下去；如果我在第一年因為被前同事嘲笑而放棄的話，現在便不會擁有這間風格小店和自己的手作禮物。

家人是最保貴的資源

記得當初準備將基隆的工作室變成風格小店時，因為害怕沒有開店經驗，想找其他人一起合夥壯膽，我心裡的想法是「人多好辦

事」；萬一遇上困難還可以有朋友一起分擔解憂，多好啊！我把想法和老媽說，她勸我：「時間一久，每個人的目標會改變、夢想會變大，也會漸漸出現不同的意見和聲音、造成許多不必要的問題，到時，反而會為了煩惱或解決人和人之間的問題，最後連正事都不用做了。」我後來和 Ben 決定不找人合夥，硬著頭皮邊做、邊學、邊修正，然後依照自己的生活經驗和步調，一步步經營出自己想要的小店風格和模式。

這幾年，我和店裡的客人或是周遭的朋友談論到開店的事情，他們告訴我，曾經有和朋友一起合夥或創立品牌的經驗，不過最後都拆夥了，原因都是：「彼此理念不合、想法差距很大」。

我分析了一下，最大的原因會不會是……當你在心中正在醞釀著：「好想開一家店哦！」或是，事業正在轉型的時期，剛好有個朋友在你身邊、提供你寶貴的意見，在這一瞬間彼此的價值觀是那麼樣的契合，覺得這項計畫沒有彼此不行，最後選擇成為創業夥伴。其實這就是問題所在了，在還是紙上談兵的階段及沒有實際運作之前，會對彼此的想法和計畫，充滿著信任感及尊重開放的態度。

吵架了，沒關係

我後來相信，連和最親的家人一起合作，都會有意見分歧的時候，例如：媽媽和姊姊當時對我說：「你們對設計及裝潢比較有經驗，

店內的規畫就交給你和 Ben 了」，但我和姊姊在初期即為了她的店門口改裝，要保留原先的玻璃門，還是改成木造門比較有家的感覺，光這一點我們已經分成兩個「門派」了，媽媽和姊姊堅持保留玻璃門讓光線全透進來，才有花店的感覺；我和 Ben 提議拆除換木門，才有像進到家裡的溫暖，兩派人馬為了一個門，爭執了大半個月，最後由阿 Ben 居中協調，他的理由是：「姊姊將來需要長時間待在這裡生活，決定權應該交到她的手上」，所以我們將設計圖上的大門入口處留白，由姊姊來決定，才打破了這個僵局。

我想家人就算吵起來，畢竟還是一家人，雖然當初聽說姊姊傷心到去搥牆 (媽媽私底下和我說的)，我則生悶氣好幾晚沒睡好，心裡也不好過。但沒多久就忘了不愉快，然後又可以繼續接下來討論。但如果兩個人的關係是合夥人，剛好遇上的問題是，彼此對正在進行的項目都是專家，都有自己的看法及獨到的見解時，這時候誰要讓步呢？

彼此間會不會悄悄地種下心結？若沒有採用自己的建議，心裡可能嘀咕：「我的想法比較好，你的醜死了，為什麼不聽我的呢？」若這些不愉快是可以用搥牆或生悶氣來解決，那麼事情就好辦多了。但大部分的情況是朋友做不成外，連事業都得收起來或拆夥退出了。能自己獨立開店，盡量不要找人合夥，家人是最保貴的資源。

全家人一起共度家庭時光

姊夫是竹科工程師，工作繁重外下了班已疲累不堪，媽媽希望姊姊能夠把家庭顧好，認為開店這件事絕對不是個什麼好主意。那時，我們姊妹倆平時討論開店的話題，總是躲在房裡偷偷摸摸地聊怕被姊夫發現。因為媽媽是過來人，她的經驗是：「如果夫妻倆人不能同心一起努力，到頭來一個人會很辛苦，萬一開了店又沒有把家裡和小孩顧好，整個家就更不容易維持了」，若這點不能克服，媽媽絕對會阻擋到底。

「應該有辦法克服的，我們來想想」我慫恿著說。

雖然媽媽嘴裡一直阻擋姊姊的夢想，但其實是打從心底支持她的（因為媽年輕時的夢想也是想開一間店啊），所以第一個出錢又出力的人是老媽，她最後想了個折衷的辦法：「我可以在星期六日到店裡幫忙，也會趕回去煮晚餐，不要讓開店影響姊姊的生活。」

姊夫這邊呢，他一開始裝做不知道，其實早就知道我們姊妹倆在玩什麼把戲，只是不想拆穿我們，另一方面也是不讓姊姊有壓力吧！現在姊夫也會在假日的傍晚，來幫忙掃地和將門口的花草搬進店裡，這樣一來，媽媽就可以先騎腳踏車提早回家準備好晚餐，等她們一家三口一起吃飯囉。開店需要兩人同心，如果沒有家人無條件的支持，將來真的會很辛苦孤單。

工作的 POWER

開店初期有個副業可以做後盾

同時經營工作室和開店的第一年，在客人超少或沒有人時，我們仍持續接網路訂單。一方面讓自己忙碌、穩定心情，不要因為沒有客人而慌了手腳或失去方向；另一方面維持店內開銷，也許不是以經營咖啡館的心情，比較像是有朋友來工作室找我們聊天的經營方向。所以，反而沒有刻意去計算，一天要有多少人上門或賺多少錢才符合正常咖啡館的營收，我們就這樣傻傻地度過很少客人上門的第一年。我和 Ben 常開玩笑討論，要是沒有另一個副業支持，一年內若沒有客人上門的咖啡館，我們一定會懷疑自己而放棄吧。創業後需要一段時間才會看得到成果，如果撐得下去，就是你的。

雞蛋不要放在同一籃子內

創業撐不過去的原因，一部分是因為一開始不會有穩定的收入來源，若再加上臨時需要一筆資金，就會讓人無法繼續下去；或許你只要再撐一兩個月，你現在正在做的事業很有可能開始有起色，但是很多人可能會在 3 個月內看不到結果，又看到資金一天天的燃燒而感到害怕，最後投降放棄了。媽媽知道我開店時，還有另一個事業支撐著，這點很重要。用同樣的道理仔細分析姊姊的情況，姊姊還在職時，會利用假日到女青年會或是一些公司企業或小咖啡館裡，教授多肉植物盆栽課，課程內容從各種多肉植物間的組合禮物到如何種植及照顧，以及售後養護的服務，也和媽媽一起做園藝木工在網路販售。姊姊因為有了多樣化的收入來源，若開店初期沒有足夠的人潮，還有一項讓她穩定軍心的事可以忙碌著，避免胡思亂想，在開店初期這點很有幫助。

神奇的 POWER

曾和一位客人聊到《祕密》這本書時，我們兩個人在店裡忍不住尖叫了起來，異口同聲地說：「這本書講的吸引力法則，真的很神奇。」

我們興奮地和彼此分享《祕密》如何靈驗？原來我一直使用著吸引力法則來完成好多我想做的事，第一次使用是這樣的……

25歲那年，有一天我經過某電視台大樓，看著一群和我同年齡的年輕人，身上穿著印有電視台名稱的外套，很有自信活力又專業地工作，這是個我從來沒有接觸過的工作性質，於是我對著這棟大樓許下一個願望，有一天，我也要穿上這件外套，在裡面很有幹勁的工作；同時間腦袋出現了我穿著這件工作服，在這棟大樓開心工作的模樣。隔年，我真的進入了這家電視台，雖只是一

個小小的字幕員，但也改變了我後來的工作型態。

因為進入了電視台，接著我的另一個「祕密」念頭又浮現了，我告訴自己將來要當一名記者或編輯。

有一回看到日劇《新聞女郎》，劇中飾演電視台的女記者的鈴木保奈美在採訪店家和訪談寫稿時充滿自信的樣子讓我心生嚮往，但是這夢想對當時的我來說遙不可及，要從一個行政、打字小姐變成寫稿的編輯或記者是不可能的（而且我小時候作文很爛），於是這祕密放在我心裡 5 年之久。

5 年當中，只要一有放棄的念頭，我就會再把日劇拿出來看一次，這就是吸引力法則。在你腦袋裡總會有一個聲音說，「如果你不實現這個願望，無論你現在做任何的行業你都不會開心，而且會不斷換跑道。」

5 年後我堅持往這條路前進，終於如願以償從事相關的工作。

在工作中認識了許多店家及民宿的老闆，也結交了很多創作者，開啓我人生的創業之路，如今黑兔兔散步生活屋的誕生，也就是這樣來的。

我印證了《祕密》的原理，就在於信念、堅持、專注及行動，這股無形的力量最終將推動著你向前，夢想成真。

CATS ARE JUST
LITTLE PEOPLE
WITH FUR COATS

為弱勢孩子
點一盞學習的路燈
——理事長 吳念真

為了孩子藝術的第一哩路
我們走遍台灣各地鄉鎮
讓文化刺激沒有城鄉差距
之後我們承諾繼續創造歡笑
給全台灣的每一個孩子
但是 在巡演的過程中
我們驚覺
許多偏鄉弱勢的孩子
在下課之後
沒人關心他的學習和功課
漸漸的
他 跟不上老師的進度
孩子再也沒有學習的意願了
受教育變成痛苦的事情

讓我們來提供一個長期深耕的協助
點亮這些孩子未來的希望
讓孩子在放學後
有個溫暖的地方
等待他放學
陪伴他學習
分享他的喜怒哀樂

懇請您加入「**免費課輔——孩子的秘密基地**」專案，
讓孩子們在學習的道路上，有您陪伴，不再孤單。

中華民國快樂學習協會

社團法人中華民國快樂學習協會【孩子的秘密基地】
信用卡定期定額捐款單

請將此單填寫後傳真到（02）2356-8332，或是利用右方 QR Code 直接上網填寫資料。謝謝！

捐款人基本資料
捐款日期：＿＿＿＿年＿＿＿＿月＿＿＿＿日
捐款者姓名： 是否同意將捐款者姓名公佈在網站 □同意 □不同意（勾選不同意者將以善心人士公佈）
訊息得知來源： □電視／廣播：＿＿＿＿＿＿＿＿　　□報紙／雜誌：＿＿＿＿＿＿＿＿ □網站：＿＿＿＿＿＿＿＿＿＿＿＿　　□親友介紹　□其他：＿＿＿＿＿＿＿
通訊地址：□□□ – □□
電話（日）：＿＿ – ＿＿＿＿＿＿＿　　電話（夜）：＿＿ – ＿＿＿＿＿＿＿
行動電話：
電子信箱： 　　　　　　　　　　　　（請務必填寫可聯絡到您的電子信箱，以便我們確認及聯繫）

開立收據相關資料
因捐款收據可作抵稅之用，請您詳填以下資料，於確認捐款後，近期內將寄發收據給您。本資料保密，不做其他用途。
收據抬頭： （捐款人姓名或欲開立之其他姓名、公司抬頭）
統一編號： （捐款人為公司或法人單位者請填寫）
寄送地址：□ 同通訊地址　□□□ - □□ （現居地址或便於收到捐款收據之地址）

信用卡捐款資料
□ 孩子的秘密基地專案　每月 3,000 元　　□ 陪伴專案　每月＿＿＿＿＿＿元
捐款起訖時間：＿＿＿月＿＿＿年到＿＿＿月＿＿＿年
★持 卡 人：＿＿＿＿＿＿　★發卡銀行：＿＿＿＿＿　★信用卡卡別：＿＿＿＿
★信用卡卡號：＿＿＿＿＿＿＿＿＿＿＿＿＿＿＿＿＿＿＿＿
★有 效 日 期：＿＿＿月＿＿＿年　★持卡人簽名：＿＿＿＿＿＿（需與信用卡簽名同字樣）
★信用卡背面末三碼：

社團法人中華民國快樂學習協會

100 臺北市中正區重慶南路二段 59 號 5 樓　電話：（02）3322-2297　傳真：（02）2356-8332
官方網站：http://afterschool368.org　E-mail：service@afterschool368.org
FB 粉絲專頁：https://www.facebook.com/afterschool368

瑪莎史都華教會我
如何「起家」

大部分想開店的朋友，對於經營部落格或是寫寫和自己有關的
文章，大都感到抗拒或不知從何下手。我試圖鼓勵朋友們，把
自己熱愛的興趣寫出來，但是得到的都是這樣的回答：

「我很忙耶，還有很多比這個更重要的事要做，實在沒有時間
經營部落格。」

「嗯……實在不知道要寫什麼，或許等我店開了，再開始
吧！」

「哦……我不太會寫東西，直接放產品訊息照片就好了。」

我想起有一年，在學學文創一間可容納多人的教室裡，對著
30 多位想要開店的聽眾，分享經營小店的心得時，我建議可
以在部落格寫寫自己「起家」的故事，台下有一位聽眾舉手發
問：「起家的故事只能寫一次，那要寫什麼內容？寫完後還可
以寫什麼呢？」

我當時回答的很含糊，如果當下有個地洞，我一定會想盡辦法
鑽進去，聽眾一定覺得台上這個三腳貓講的實在很「掉漆」，
回家後，我仔細思考這個問題，我想，我知道該怎麼回答了。

我很喜歡瑪莎史都華，也在她一本談創業的著作中，得到了許
多收穫……

寫寫關於你個人起家的故事

如果我問我的朋友，你有聽過台中新社的薰衣草森林嗎？絕大部分的人都可以說出，兩個女生一起追夢的故事：在花旗銀行上班的慧君想逃離台北，她喜歡畫畫想要有一畝薰衣草田，還有一位鋼琴老師庭妃想要開一間和音樂有關的咖啡館，兩個女生勇敢做自己，找出人生想走的路，在台中新社打拚了一間薰衣草森林，這就是她們起家的故事。

別人口中怎麼討論你，怎麼描述你的店，你的店在人們的心中就是怎麼樣的形象和個性。

我的店在 2 樓，需要通過一個長長窄窄的樓梯，樓梯下方常會傳來吱吱喳喳的討論聲，聲音總是飄上 2 樓，我會聽到一些跟我有關的有趣關鍵字：「聽說這樣店都是自己親手打造的」「好

像是工作室開放出來的下午茶空間」「他們原本住在一間破倉庫裡……」「有時這家店會休上好幾天，好像跑去旅行的樣子」「這家店就算你有錢也吃不到，因為他們常常沒開門。」聽到好多關於黑兔兔散步生活屋的故事版本時，我常會噗哧笑出來，原來人們眼中的我是這樣的形象。

當你個人起家的故事引起人們興趣時，他們會把你的故事再透過自己的方式和朋友介紹解說，所以說，如果你不為自己找到起家的故事（這故事必須真實，不是捏造的），那麼就只能任由別人幫你決定，結果會發現，別人眼中的你和你心中的形象可能差距很大啊。

不寫推銷文，而是提供意見

有位客人告訴我，「我老婆離職後，全心全意投入她經營的小店，一兩個月過去，卻沒有預期的人潮，心裡開始覺得不踏實，不知道要怎麼跨出下一步？」我問他們，如果我想知道你們經營的是什麼樣類型的店，或是什麼樣的風格，要在哪個管道或平台了解你們呢？你們有沒有作品發表在部落格或臉書上？

女生說：「我放在網路上的文章，大多是分享或轉貼訊息，或是只放簡單的一張情境照片，寫的內容不多怕大家不愛看；如果寫太多，又好像在推銷東西。」因為怕寫太多文章像在推銷商品一樣，引起讀者的反彈，反而不敢下筆寫字，女生不好意思的回答。

我曾經看過一本關於部落格行銷的翻譯書，作者說，若是你的貼文內容都是在推銷商品，那麼剛好點進去的人，對你的商品不感

興趣或是暫時用不到，那就錯失了人們再回來看你部落格的機會，若你能提供意見或提供諮詢，讀者會對你的網頁感到興趣，就會一再點閱進而收藏。

這很像買衣服的時候，有店員在我旁邊繞著我推薦，我只要一伸手拿衣服，店員就會說這件不錯，那件很適合，導致我都不敢伸手再去拿其他衣服來看，最後趕緊找個空檔離開，如果不是推銷而是提供意見的話，像：「這兩件衣服，你穿這件會比較符合你的個性，那件看起來大了點，不要選這件」，我想我會希望小姐再幫我多多介紹，而停留久一點。

一般人看網頁的貼文內容應該也是這樣的心情吧。

讓你的手不停地寫下去

關於要寫什麼樣的文章，有時我也感到困窘，我最近在閱讀娜妲莉‧高柏所著的《心靈寫作》，她告訴讀者，練習寫作的方式就是，誠實地寫，並講出細節，而且最重要的是，讓你的手不停地寫下去，「有興致也好，沒興致也罷，你都得練習，可不能坐等靈感來了，才開步前進。靈感和欲望絕對不會自動來報到的。」

我提供這對夫妻一個方向，「何不告訴我們，你和客人之間的小故事呢？」只要是正面的想法，信任自己內在的聲音，生活中再小的細節都值得一記，都是很好的寫作題材哦。而且必須想辦法讓自己動筆，否則轉個電視、滑一下手機、收一下信，隨便一件事都能讓寫作這件事，變成等一下或明天再寫的藉口，套句娜妲莉‧高柏的一句話：「總之，坐下、寫，就對了。」

在自己的網站上發揮創意、提供價值

我喜歡瑪莎史都華的網站，裡面充滿著好玩的點子。你有試過冬天的大草莓，沾滿著白巧克力和黑巧克力，然後用烘焙的白色蕾絲紙，包裝成小禮物送給朋友嗎？這就是瑪莎史都華網站教會我的東西，除了食譜分享，也教你包裝成禮物的實用技巧，按照節慶布置自己的家。每則貼出來的文章都很精彩，在這裡可以學到好多東西，瑪莎把自己塑造成這個領域的專家，建立了信賴感，即使她在自己的網頁上販賣產品，我也不會感到排斥。

打不倒我們的，
學到更多

好不容易高高興興地開了店，當有人對
你拍桌子；或是當客人在你用心布置的
店內拍照時，卻對你說：「小姐！你擋
到我了！可不可以站到旁邊去啊！」的
這些時刻，你還是得沉住氣──對於客
人的態度感到疑惑，思緒亂糟糟時，想
著還有一群珍惜支持你的客人，從他們
身上獲得強大能量，對於經營方向才會
更有動力哦！

看一下 vs. 坐下來，感受真的很不一樣

某天假日，小店門口站著一對穿著棉麻質感衣服的中年夫妻，看起來很有氣質，女生很想坐下來，男生只想參觀看一下，女生問問身邊男伴的意思。

男生在女生耳邊竊竊私語，只是這位男伴不小心講得太大聲，他瞄了我的店和我的人說：「我覺得這間店，沒有想像中的了不起，我們還是走好了。」這位男士花不到 2 分鐘，否決了我和 Ben 的努力。

來店裡要求參觀拍照，或要求看一下，我都會努力說服她們：「看一下和坐下來，真的感受不同哦。」靜靜坐下來看看店裡的書，聽聽店裡放的音樂，觀察麻糬睡覺的慵懶模樣，店裡白天和夜晚不同的光線變化。如果頻率相同，還會在這裡遇上志同道合的朋友一起聊天，這是進來晃兩眼，所無法感受的。

從中獲取新的能量

像招待朋友到家裡坐坐

店內參觀會影響其他正在用餐的客人，所以我提供了一個沒有人的時段，或特別安排一個日子，像招待朋友到家裡坐坐。這樣我可以好好當個解說員，也可以讓參觀的朋友了解店內的故事。

店內拍照的有趣小插曲

看到來小店的客人，拿著相機東拍西拍時，看她們拍的很開心，
我心裡也會很安慰，心情跟著放輕鬆了起來。

有回在人來人往的假日午後，店裡幾乎沒有多餘的路可以讓我出
去送餐點，這時有 2 位可愛女生自顧自地在店內捕捉自己的美美
照片，雖然我送餐的入口被她們稍稍擋住了，但我還有一點點小
縫縫可鑽進鑽出，我覺得沒有關係，因為她們玩得很開心。

就這樣來來回回，在她們的夾縫中忙進忙出，趕緊將現煮的咖啡
點心送到客人桌上時，其中一個女生開口了……

「小姐！你沒看到我在拍照嗎？你可不可以先到外面去啊！」
（雙手交叉在胸前）。

我終於體會到，為什麼有些店家要貼上禁止拍照的紙條了。

從中獲取新的能量

為人著想的心意

我很喜歡吳念真導演說過的：「一
切隨緣，絕不強求，對客戶如面
對朋友，有所託付，全力以赴，
若氣味不合，絕不勉強低頭，因
為工作的最低收益叫『快樂』。」
我並沒有因為這件事件，就貼上店
內禁止拍照的紙條，我相信許多
客人還是有著一顆體貼的心。只
要你的內心深處藏著為人著想的
心，每天就會充滿力量。

老闆，請問我可以拍照嗎？

旅行時，進店家後我通常會先跟老闆打聲招呼「（Bonjour）」再開始逛（這是在法國逛店家的基本禮貌和台灣很不一樣。）

AU JARDIN DE PROVENCE 這家店的風格很舒服，販賣園藝和生活家飾，老闆是一對老夫婦，連他們的穿著風格都與店裡一致，男主人老爺爺著著棉麻白色上衣，老婆婆的服裝則是連身棉麻裙。

結帳時我很想拍照，於是鼓起勇氣用很破很破的英文問老闆：「請問，我可以拍照嗎，我想跟台灣的朋友介紹，這裡有一家好可愛的店。」我實在怕老闆聽不懂我的破英文，只好用力指著掛在我胸前的相機，說著「photo，photo，咔嚓咔嚓」老闆微笑著對我說「ok！」

哇！我露出感動及開心的眼神，再接著暗示著老闆我不只拍一張可以嗎？也就是說出「more」這個單字，老闆再次微笑對我說「ok！」

老闆，謝謝你。相信人與人之間，只要有顆體貼彼此的心，對方肯定會感受到的。

店貓麻糬教會我們的事

最近看了《吉貓出租》，是一部講貓咪、人情與邂逅的一部電影。
原來貓，也有療癒效果，可以溫暖人心。

來說說店貓麻糬吧，牠其實教會我和阿 Ben 用另一種思考模式來
經營這家小店。

很特別吧？

事情是這樣的……2009 年開始，麻糬陪著我們在工作室已經 4
個年頭了，我們上下班都會帶著牠。直到工作室變成下午茶小店
時，麻糬的生活模式稍稍改變了。

一天，怕貓的客人坐下來，看見在盤子睡覺的麻糬說：「我朋友
她怕貓，你把牠關起來！或是不要讓我朋友看到牠。」我和 Ben
趕緊暫時將麻糬隔離在樓上的小房間，直到客人用完下午茶為
止。麻糬在小房間裡被隔離了一下午，不能和我們一起工作，牠
發出了很想出來的嗚咽聲，讓我們兩人都很自責。

另一天的黃昏，一位客人邊踢著椅子邊喊著「走開！走開！」我
從廚房好奇地探頭看，她在對誰喊叫呢？原來，她正在踢麻糬睡

覺的那張椅子，用腳驚嚇牠想把牠踢下椅子。

我和 Ben 遲疑了。這是麻糬生活的地方，可是我們卻違背自己的心意，把牠關起來。

經過了種種「我怕貓，把牠關起來」「最好不要讓牠靠近我」等事件後，我和 Ben 兩人有了共識，這裡是麻糬陪我們生活的地方，牠待了 4 年，應該也要由麻糬「一起」來決定這裡的經營模式。所以，從那時候開始，我們不再有「把貓和人隔離」的傻動作，要讓喜歡貓的朋友也能和麻糬一起共享下午茶空間。

Artist

給自己勇氣!

做自己喜歡的工作

Acrobatics、Artist、vocalist......

Acrobatics

vocalist

找不到令自己心動的事物時，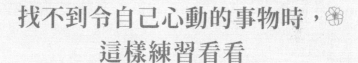
這樣練習看看

朋友常問我，我的靈感總是滿滿的嗎？不！我也有遇上瓶頸、失去信心的時候。當我迷失方向提不起勁時，我補充心靈能量的方式，就是旅行。

旅途中的細微觀察
因為旅行，我看到很多不同的人選擇過自己想要過的生活。即使只是一名咖啡廳的老侍者，端出咖啡為客人服務時，快樂有自信的樣子，都讓我覺得很迷人。因為他們對工作充滿熱忱、懷抱理想；他們打從心底喜歡自己正在做的這件事，比其他任何事物都要來得重要。

CREPES G　**Montmartre**

...01

在蒙馬特的山丘上....

當我買下這 幅油畫,
我知道將會需要吃好幾天的棍子麵包+白開水.

不過,
從老爺爺的手中接下這幅藍色可愛商店.
我相信創作是無價的.

143

132

Avignon

我買下一張明信片

在亞維農的聖貝內茲橋旁

一張小椅子　一卡皮箱
皮箱裡裝滿她對創作的熱忱
即使路人來來往往
她總是微笑的低頭畫畫
我想……
能做一份自己喜歡有興趣的事
內心一定是充滿快樂而滿足的

142

143

Gardener

在巴黎鐵塔附近
一個小角落的公園內

就算是幫花草澆水施肥
在外人看似枯燥的工作
也許，就是因為"喜歡"這件事
所以伯伯在整理花草時
還吹著口哨吶！

旅途中的布置練習

每一次旅行,我沒有一定要住高級飯店,也不堅持要吃幾星的米
其林餐,雖然這些在旅行裡,也都是很重要的行程和回憶,但我
知道在預算財力有限的情況下,我的旅費僅能吃麵包果腹、住青
年旅館。我想將錢省下來,去逛逛家飾店、在週末看看跳蚤市場,
以及當地的傳統市集,最後,肯定會在這裡淪陷的。最重要的還
有,想看看老闆怎麼運用店內的大件家飾及小雜貨,進行陳列和
擺設。還有,他們的櫥窗設計及店門口要怎麼設計才會有味道。
一方面想學習陳列商品的方式,另一方面也想知道老闆的布置想
法。法國是個重視生活的國家,他
們毫不做作的自然風和裝飾巧思是
我想學習的生活範本。

沿著街區散步找回喜歡的事物,記得那份
感動,無論身處任何一個國家,都有值得
學習的地方。

135

到市場買菜攜帶自己準備的購物提藍

到傳統雜貨店買薰衣草

市場裡的馬賽皂，有手工切削的痕跡，沒有人會介意這塊肥皂切的工不工整，直不直，也沒有多餘的包裝，用完後也不會有一堆塑膠空瓶的負擔。

編織的藤藍使用範圍很廣，可用來裝火腿、麵包，放眼望去，在市集裡看不到一個塑膠藍。

黑色的板子寫上粉筆字，就是小小的價格標。

用木箱裝日常用品，蔬果都變得有質感了

質樸的容器有其他製品無法取代的天然溫暖手感。

黑板寫上粉筆字，就是價格標

折好再投入，角度也要對齊（希望我的信箱不要再出現抓成一團硬塞進去的廣告紙了。）

外在美也很重要，鐵窗造型也用心

有發現和台灣有什麼不同嗎？格子桌巾上沒有玻璃隔著，在法國，桌巾髒了就拿去洗乾淨吧！

郵局淘汰的袋子，做成的環保袋再利用。

無論是擺放在地上或懸掛空中，窗外就是要有花花草草陪伴。

法國的商店，小小的招牌的周圍，包含使用的鐵架或是放在戶外的盆栽，所有細節都會照顧到。

水溝兩旁也要美化

閣樓的窗戶和人都美麗。

沿街散步找回喜歡的事物，記得那份感動，
無論身處任何一個國家，都有值得學習的地方。

閱讀別人的勇氣，找回向前走的動力

這是發生在我周遭朋友 Justin 及我姊姊的心情故事，他們了解自己內心所喜愛的，而將它轉換成了工作，也許會帶給你我一些感動和勇氣。

曾經是聯電工程師的 Justin 所著的《我的心遺留在愛琴海》一書，是他分享自己勇敢追夢的故事，我摘錄書中他離職信的部分內容與大家分享：

「我喜歡、我想、但是我不能。因為我有生活的負擔，有房貸、保險、稅金、電費、油錢得負擔，我必須向現實低頭，我不能沒有固定收入，我一直這樣認為。

當爸媽跟別人說，我兒子是個聯電工程師，總比跟別人說 『我兒子是個浪跡天涯的流浪漢』 高尚多了，當個流浪漢，不會有百萬年收，能不餓死就很不錯了，於是這些夢想，只能一直埋藏在我心裡……今年年初，一趟的吳哥之行，改變了自己對幸福人生的定義。」現在看著 Justin 的部落格及臉書分享著一張張照片，還有每個旅人滿足又開心的笑容，他說：「我做到了！慢慢做到自己心中所要的方向，也會一直堅持著這條路向前。」

至少盡力了，而不是一開始就放棄

11 樓之 2 的店主人，黑兔兔姊姊，當初從竹科工程師轉職到壽險業務員，讓我爸爸和她的婆婆非常不能認同。那段時間，她在上班途中有感而發所寫下了許多精彩的故事和文字，也希望能在這裡和大家分享、為彼此加油打氣：

「既然不想讓自己永遠是菜園子裡，一株不能動的『高麗菜苗』，我可以選擇離開菜園，讓自己變成一盆『高麗菜』盆栽呀！」這想法來自一部關於追逐夢想與勇氣《超速先生》電影中的一段對白，老先生說：「人要不積極的追求夢想那跟蔬菜有什麼兩樣！」「什麼蔬菜？」小孩問，「高麗菜吧！」老先生繼續彎腰做自己的事──我和妹妹黑兔兔分享這段話，結果她竟然說我，不僅是「高麗菜」還是一顆「高學歷菜」！

這句話點醒了我，姊妹中，我是書讀最多，卻也是最不敢追逐自己夢想的大姊！其實，我真的不想一輩子當高麗菜，無法隨心所欲，自由移動，而我也無法想像，自己 5 年、10 年後要用什麼樣的心情，繼續穿上「兔子裝」(無塵衣)，到生產線去處理機台或是追產片，在這之前，我想是沒有家人會贊成我放棄園區工作的，最近，想是時機到了吧！ 有一天下班，我搭先生的車回家，正當我們塞在長長的車陣中，還不知道幾點可以回到家，他忽然語重心長地說：「去試試看吧！我們不要兩個人同時被綁在這裡……」

姊姊繞了一大圈，現在聽從了內心的聲音，做了她最想做的事。

具體寫下夢想清單

25 歲時我給自己人生 3 個目標，我要在 30 歲前完成。

1. 我要念大學

國中放牛班，大人不看好，我知道我不能放棄。這項和天分有關的事情，雖然強求不來，但礙於高中念的是職校，選讀的是資料處理科，我真的不想一輩子做打字小姐或是行政助理的工作，為了將來能從事喜歡的行業，26 歲我還是努力重考或插班大學，我重考 3 次，我想是老天爺累了，最後讓我調車尾考上了傳播藝術系，畢業那年，我 30 歲。

2. 我要出國遊學

小學時，我看著班上家境較好的同學，在寒暑假父母會讓子女出國去遊學體驗生活，我好羨慕，不知道沒錢的小孩，長大後能不能也出去看看呢？這夢想在 29 歲時，在畢業前四個月出發，我掙錢的方法，就是沒課時跑去市集帶著一卡皮箱，賣小手藝慢慢存錢。

3. 我要一個人的自助旅行

我的爛英文加上膽子小，我想著，自助旅行應該是一輩子都不可能實現的夢想，但這夢想，我在紐西蘭獨立完成了。我把原本拖去的行李箱變賣，換一個長包包，背在身上當背包客，30 天我背著比人還高的背包，一個人走完了紐西蘭的南北島。我的夢想清單，在 30 歲那年陸續實現了。

輯四
被喜歡的物品包圍
自然風生活古道具實作&布置

把家和工作場所
變成風格獨具的小店

我想把工作室變成像在家又像在咖啡店工作的場所，希望工作室
的空間，有自然光混著溫暖黃光，還有喜歡的古道具及花草圍繞
身邊，這會讓我每天工作起來更有活力及樂趣，同時也是我想要
的生活方式。

但是一個空間從零到成型，由自己親手設計、監工、製作，好多
眉眉角角要學習。如何利用小小的空間，創作（布置）出吸引人
的故事？我心裡幻想著，有一個小空間，像位在法國亞爾薩斯鄉
間的個性小店，我開始想著，牆面要刷什麼顏色？商品打算用蘋
果箱陳列，然後再放上木桌椅和喜歡的杯盤。

junk st

PURE STYLE
HOME & GARDEN

FRANCE

COUNTRY STYL

妝點居家特色風格的小技巧
從善用小物、布置角落開始

現在工作室裡的布置並非一夜成形，我的布置方法是由點（雜貨道具）、線（角落空間）、面（整體空間）組成，一開始面對空蕩蕩的屋子，難免會不知從何開始著手，這時需要從不同區域的角落開始規畫才不會慌張，例如用餐的地方、廚房吧檯……等，當每個角落一一完成串連起來後，整體雛形就會慢慢出來了！布置這件事我是龜速的人，需要等到靈感來了才會開始動手。我相信空間的擺設需要慢慢醞釀，不疾不徐才能孕育出自己的品味及風格哦！

no.1
老窗戶是最棒的隔間道具

當初這扇老窗和許多垃圾一起被丟棄在路邊的一根電線桿下，等著被垃圾車載，然後被輾碎。自從那天晚上把它撿回家後，已經靜靜地躺在阿 Ben 家裡好多年了，（因為我實在找不到適合它的地方），每一年的大掃除，阿 Ben 的媽媽總會問我：「啊！這放好久了，還要用嗎？」

有一天，我坐在櫃台裡，發現視線會和對面的人四目相交，便想到這扇躺了多年的老窗戶，終於派上用場啦。

除了鑲玻璃的老窗，百葉窗也是不錯的隔間兼裝飾道具，它們是從老眷村撿來，我拿它用來隔小縫隙，剛剛好！上面一格一格的剛好可以掛上花草小物品，有點通透的效果也不會把視線完全擋住，於是運用了這方法隔出兩個空間來。

no.2
老鑰匙、鐵熨斗的新用途

我在法國的蒙彼利埃（Montpellier）跳蚤市集買了 20 把鐵熨斗，和 30 多支大小不同的老鑰匙。我把老熨斗，放在小店裡作門擋、書擋，賦予它們新的生命；將常春藤葉繞一圈掛上牆面時，成為老鑰匙新的家。剩下的 10 多把鐵熨斗呢？不急！慢慢找到最適合它們的好地方，它們才會散發最動人的光芒。

no.3
用文字裝飾玻璃和牆面

要在玻璃窗上及廚房的牆上貼一些字，我們使用了小型家用的割字機，將卡點西得紙割出文字及圖案，我看到 Ben 用不傷紙面膠貼在割好的文字上，我問「為什麼要那麼麻煩？」他說：「如果不這樣的話，你要怎麼把字拿下來貼在牆上呢？像兔子的『兔』那個點，才不會弄不見還可以將文字對齊哦。」

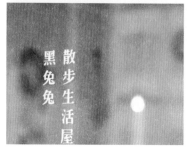

no.4
將常春藤圍繞在燈罩上

店內有一盞吊燈，套上玻璃燈罩的時候，開了燈後會有點刺眼，我繞上自然風乾的常春藤葉，稍稍遮一下，這樣微微的光圈，再加上從細葉篩出來的光線，讓人心裡沉靜了一些些。

小提醒：常春藤葉要趁綠綠還新鮮的時候就先繞好，如果等乾燥了枝葉變硬再繞，會容易折斷或碎掉就繞不起來了。

no.5
每盞燈有不同的表情氣氛

掛在廚房屋簷上的小夾燈，是我在日本吉祥寺一家小店購買，小心地放在隨身行李帶回來，但過海關時，我發現海關人員表情有異狀，因為他們看到螢幕出現一個形狀怪怪的金屬影子，於是我被攔下來，2個穿著秩服的人員比手畫腳地叫我打開行李檢查一下。他們看了看、摸一摸，兩人又到一旁竊竊私語一陣子後，確定是一盞燈才把我放行。

阿Ben看到我將這個寶貝燈掛起來，我得意洋洋地說：「這可是我好不容易漂洋過海帶回來，還被海關扣住，費盡千辛萬苦才得來的一盞燈啊。」我發現他的臉上出現了三條線，並竊笑地說：「妳阿呆啊，這不是菜市場賣雞鴨魚肉在用的燈嗎？哈哈哈」。現在我走到市場看到同樣的燈，也會忍不住笑自己笨。原來，我的眼睛竟忽略了身邊常見但不起眼的日常小物啊。哈哈哈！（直到現在，我還是三不五時想嘲笑自己一下。）

no.6
不起眼，但可以加分的小零件

Ben 早上要在入口處掛上一個小黑板寫寫店內資訊，他隨便的拿了一根小
圖釘，正準備要釘上去時，我及時說：「改用這個黑色的。」Ben 斜眼看
著我，嘴裡又唸著老掛在嘴邊的那句話：「有差嗎？不都一樣可以釘？」
我說：「魔鬼藏在細節裡，雖然只是一根小小不起眼的釘子，但在我眼裡，
這些小小的零件或配件，也是一種加分的布置效果哦。」

no.7
珍珠板小層架

實在不想再破壞牆面了。如果不用釘子釘牆面，還有沒有其他方法可以做出小層架的效果？我用較厚的珍珠板裁出一片正方型，再做出2片T字型的小層架，最後貼在布料上。這樣的方式可以靈活運用，貼在珍珠板的布料，也可以隨心情或季節來更換。

no.8
動了手腳的大時鐘

在法國的家飾店常看到牆上掛著一面大時鐘，我第一眼就被這大面積的裝飾物吸引住，所以我的工作室也想要一個大時鐘！只是這時鐘是個不會動的裝飾品！阿 Ben 不解地說：「為什麼買個不會動的時鐘回來呢？掛在牆上很怪啊！」於是他用了一個簡單的方法讓時鐘動起來，在電腦繪圖軟體上畫了仿古的時針和分針，上了咖啡色，找了很輕的紙張用印表機輸出，再裁切出指針的形狀，當他裝上機蕊後，假的裝飾鐘竟變成真的啦！只是過程中不小心出了差錯，時針黏到了透明膠帶，阿 Ben 一時情急硬是將它撕下來，結果出乎意料地變成了掉漆色，像極了復古時鐘。

no.9
桌面變大術

這個小角落，當初是我的工作室，我在這裡包裝禮物，當來客漸漸變多，我坐在位置上工作的時間變少了，最後請木工師傅幫我修改，變成小小的座位區。

現在吧檯的正後方，放有2張學生課桌椅，剛買回來的二手學生桌椅面積較小，放了2個大盤子加水杯後，其他東西便擺不下，我用廢木料拼裝將桌面尺寸稍稍加大，再釘在原來的桌面之上，這樣要放2個大餐盤就剛剛好。

no.10
印章圖樣蓋出腰帶效果

我有一位同事叫夏米，她有一雙大手，卻可以在 **6X4cm** 大小的橡皮擦裡，刻出超細小的文字及圖案，就像一群螞蟻大小的文字密密麻麻，當我正苦於白色牆壁，要變出什麼花樣來時，瞥見這些手感英文字，索性蓋上油性印泥，一個文字塊配上兩個花草圖案，慢慢蓋，做成壁貼或腰帶效果，和真的貼上壁紙的效果大不同。

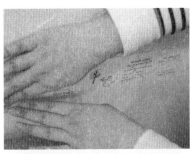

no.11
文化石

它是一個好玩的素材，有白色、紅磚色各種顏色可以選擇，我只取用幾片
文化石來黏貼，做出層次的效果。貼磚的方法很簡單，到五金行買溢膠泥，
再用白色填縫劑補縫。一面牆的組合便出現 3 種層次：珪藻土、印章文字
腰帶、文化石。

風格小店改造計畫
START

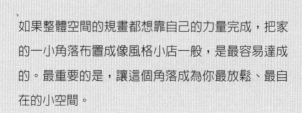

如果整體空間的規畫都想靠自己的力量完成，把家的一小角落布置成像風格小店一般，是最容易達成的。最重要的是，讓這個角落成為你最放鬆、最自在的小空間。

Step1
想把家裡的一個小角落改造成風格小店，
該從何著手呢？

 你店裡布置都是怎麼擺放？
我也和你一樣，把東西全放上去，可是怎麼看起來都亂亂的咧？

我的方法是：我不會將一面牆，或在櫃子上放滿東西，即使這些小東西我都很喜歡，也會忍痛作出取捨，絕對不會貪心地全都要擺出來，若要換擺飾，會先拿下一個或數個原先擺放的東西，再把喜歡的放上去；好比旅行帶回來的紀念品，要掛在牆上或是擺在櫃子，我會先捨棄舊有的裝飾品，再擺上新的物件，這樣才才不會讓畫面顯得太滿又太雜亂。

接下來我會轉過身，讓眼睛休息一下，再轉過頭去檢視剛剛擺放的成果，如果第一眼感覺有零碎的畫面，（你覺得很受不了或怪怪的，就是畫面太凌亂了！）

Q2 你的布置會經常變動嗎？
多久換一次呢？感覺每次來都會有新東西？

其實我的空間並不會有太大的改變，當我在一個角落或一面牆的布置確定
下來後，只會小小的微調。會感覺到空間有些微變化，或許是這些季節花
朵吧！另外我的廚房外面小吧檯有一面黑板，可以隨心情畫畫，因為粉筆
常會不小心被人來人往的客人擦掉，不能永久保留，所以黑板上的不同畫
畫也是改變空間主題的一個小方法。

Q3 檢視布置效果
會不會亂亂的方法！

不確定最後的擺設會不會太複雜或不協調時，我會用相機拍下來檢查，透過相機看到的影像是平面的，像看一張紙或一幅畫（想像你在看一張明信片），如果覺得相機裡的畫面怪怪的或亂亂的，又找不出哪裡怪，我會用手在相片上去遮一些物件，或是拿掉多餘的東西，然後再重新拍一張，這樣重複做到用眼睛去看實際的成果，直到順眼為止。

用相機鏡頭檢視你的布置成果，是將３Ｄ立體空間變成平面，不容易被其他的環境干擾及分心。視線專注在方框裡，哪個物件太突兀或哪個東西讓畫面不協調，可以較容易「抓出來」。我會用的方法就是用手指在鏡頭前，去遮一下每個物件，看看多了它或少了它，會不會讓畫面有什麼影響。適時的留白，有時讓空間呼吸一下，也是美麗的風景哦！

Q4 老東西或古道具要去哪裡找？我也好想把家重新布置，
但是要如何找到一些舊家具或是老東西呢？

平時就要收集哦！像現在我在吧檯前所使用的桌面，是約在一年前，所收
藏的早期小學生課桌，但只有桌面沒有腳，當下不知如何使用，心想，有
一天，我一定會用得到，只是，心中和自己約定的那個「有一天」，一晃
眼已是一個多年頭了，好幾次覺得家裡堆那麼多垃圾做什麼呢？

收集老東西常會覺得自己像是個撿破爛的大嬸，因為家裡還堆了一堆眷村
拆下來的窗戶和木門、從倒閉育幼院買來的木桌椅、過年時路邊撿來的阿
媽廚櫃。雖然現在還沒派上用場，但相信終會有那麼一天，當我靈光乍現
的時候，再為它們賦予新生命。我一定要忍耐不能放棄它們！每年家家戶
戶年終大掃除時，就是我撿拾老家具的季節。

Q5 怎麼整理店內環境呢？

每一天都把自己當作是新的客人吧！

在一個空間待久了，眼睛慢慢就會習慣店裡的一切，像是角落裡的小小蜘蛛網，我可能不會注意到：因為太習慣整個空間的關係，所以我訓練自己在店裡時，時時刻刻當自己是新客人，找個座位坐下來，眼睛四處看看，就會發現角落裡的灰塵，在打烊時趕緊清理清理。

Step2
尋找靈感

在旅行的過程中,有什麼是你一定要去做、非達成不可的願望?有些人說,我一定要逛遍所有的博物館,也有人說,我一定要嘗嘗由當地食材烹調而成的料理,當然也有人說,我一定要住住特色的民宿。

那我呢?

「我,一定要逛逛巷弄間的風格小店!」

在旅行時遇到的店家,都風格獨具,也代表店主人的個性。有些店主人喜歡在戶外擺放一張老椅子,或是一顆顆球形的盆栽,不論是拼布店、花店、手工藝店,都有不少值得向老闆學習的小點子。雖然不可能知道他們的進貨方法或經營之道,不過布置這件事,我只要多看,然後在家裡親自動手搬來搬去,一定會有一些小小的收穫,如果我在某家店或某本書中,發現了有一個令我「怦然心動」角落,那就是我想要學習的畫面,我會試著把它們搬到自己家中一個小地方,實際操作一次。

Blackboard

furniture

plant

Door

Window

可愛南法小店的布置巧思 1.2.3

在南法亞耳（Arles）街道的店家幾乎都是從下午才開始營業，我卻在早晨途經這家小店時，被它的門面所吸引，它是由一塊黑板和垂掛牆上的藍色小花。

於是我拍下 Before & After 兩組照片，學習老闆的布置點子。

老闆利用生活周邊的素材做出高底層次的視覺空間，將店舖外觀打點的自然舒服。

每回欣賞完一家店後，我會去思考，老闆如何運用店內的大件家飾和小型雜貨，進行陳列和擺設？玄關入口的地方要怎麼設計布置才會有味道？我的方式是試著一一拆解並實際操作練習。

早晨這家拼布店只有一片黑板和一叢小藍花，
老闆在下午一一擺放了 6 個布置元素。

⑥ 短木梯，
也是很好的收納台

③ 一台復古腳踏車，
是掛包包的好地方

① 利用木梯一格
格的特性，
整齊收納花布

⑤ 圍裙穿在
小小模特兒身上

④ 利用鑄鐵架，
陳列布飾

② 木頭掛勾掛著
4 條亞麻方巾

尋找南法配色的好點子

我想知道南法是什麼顏色,當時我只能尋求坊間的書本,或是透過採訪室內設計師找到答案,但我的心中總是感到不踏實,當我到法國旅行時我和自己說:「這一趟,要好好地記錄南法的顏色!」工作室的色彩和靈感就是從旅行中得到的。

牆面配色是一門大學問

裝修時最讓我舉棋不定的，就是牆壁到底要塗什麼顏色呢？在裝修工作室的時候，要以什麼顏色當主調，什麼顏色為配角？尤其這麼大面積的牆，要是塗錯，整個風格就偏了，我實在沒有力氣再重塗第二次，非得小心下手不可。

不過只能用腦袋憑空「想像」顏色真的會想破頭，只要看到書裡什麼顏色好，就瞎問阿 Ben，這顏色 ok 嗎？黃色好嗎？那……要哪種黃咧？黃有好多種，像這種嗎？我光ㄉㄨˇ要塗什麼顏色的牆，就可以讓對方神經衰弱！

關於南法的顏色

南法大部分住家或店家的牆面的色彩多是帶點泥土的黃，有些是塗漆上去的質感，有些又像是石灰材質的觸感，兩種出來的效果很不同，最後我選用了硅藻土的泥土黃，來做出主色調，選定了大面積的顏色後，小細節就可以慢慢配！

先找出主色調——泥土黃

首先，來看看以泥土黃為主色調，綠色做搭配，牆面會出現什麼樣的變化呢？

綠色 X 泥土黃

綠色搭泥土黃，很復古，但光綠色又有得挑了！
淺綠，感覺很年輕；
墨綠，感覺的出沉穩，有種老咖啡店的氛圍。

來點橄欖綠、葡萄嫩綠，或是小黃瓜的深綠，好像都不錯！

若是整面牆都綠的會變成什麼模樣呢？會不會太滿太多了呢？還是小面積的綠色點綴，比較剛好呢？

藍色 X 泥土黃

除了綠色,我還是想看看若是以藍色為大面積的色彩,會是什麼樣的風格?若是牆面刷上大面積的藍色,可以再配上咖啡色,感覺沉穩許多。

藍色搭配泥土黃,感覺很南法,我的工作吧檯,刷上了帶點舊舊的藍色,也是黑兔兔散步生活屋最後決定的色彩,淺黃色的灰泥牆面,我找了相同材質的珪藻土取代。因為有了參考的依據,再大的牆面要塗什麼顏色,也不再猶豫不決,下手也變得快、狠、準!。

挖空心思的窗戶

窗景風光

一開始,我以為只有美式鄉村風的木窗,才會挖個小愛心,原來法國
人也愛!而且法國人在窗戶上做的文章更特別了!因為除了愛心,更
酷的是,還可以看到黑桃圖案、幸運草……我看著窗好奇地想,法國
人會不會連撲克牌裡的花色,都拿來試一試呢?

除了挖出小圖案,
在窗戶兩旁掛上盤
子也很有味道!

若是來個彩繪
也很有意思。

來玩「猜」櫥窗的遊戲

鍛鍊視覺思考的小撇步

旅行，除了讓我喘口氣休息，也可以讓我看看各個國家的櫥窗布置巧思。對我來說，櫥窗陳列這件事很困難，因為要在小小的方框內，布置出一個主題、表達想法，還要在短時間內，吸引路過的人為它駐足停留、多看一眼，進而推開那一扇門，這是我想要學習的。所以，我很喜歡對著櫥窗發呆，看看能不能從這片玻璃窗裡的陳列，知道老闆想表達什麼？想訴說什麼樣的故事？

我在不同國家旅行時，會和自己玩「猜」櫥窗的遊戲，透過櫥窗猜店家是賣什麼的。這個遊戲既不用花錢，又可以鍛鍊思考能力，更不必結巴巴地開口對老外比手畫腳，簡直是為我這種英文破但又愛自助旅行的人量身訂做的遊戲。

這遊戲，我是這樣玩的：

首先，我刻意不去看店家的招牌，然後考考自己幾個問題：

Question

1. 第一眼看見這個櫥窗，最先吸引我走近的是什麼？
2. 我能不能從一扇小小的玻璃櫥窗，猜出這家店要販賣什麼樣的商品呢？
3. 這家小店如何在小小的空間內，創作及布置出一個吸引人的故事呢？
4. 這裡面有哪些點子或想法，可以運用在自己的家裡或店裡呢？

Answer

1. 這個櫥窗第一眼吸引我的是手繪線條的圖樣。
2. 我猜，這應該是賣房子的公司吧！
3. 店家想用手感營造家庭幸福的氣氛，店主用了棉麻布、藤藍、木材，牛奶壺布置，用木條掛起來做高低層次。
4. 手繪的房子，也許可以用在家裡的某一面牆。

1. 第一眼吸引我的是粉紅色牆面和亞爾薩斯的蛋糕烤模。
2. 這是一家甜點店。
3. 店家在視覺上營造出可口甜美的感覺，店主人用烤箱做高低陳列的道具，還有傳統的烤模做出家鄉風味。
4. 我想，烤模可以裝飾也可變成盆栽種種花！

1. 這迷你的小吊床和娃娃，第一眼便成功吸引我走過去，站在櫥窗前看了許久。
2. 這是一家童書店。
3. 娃娃慵懶地躺在吊床上看書，有讓人放鬆的感覺。店主人用吊床做高低落差的陳列設計。
4. 小娃娃坐在吊床上，若手上拿杯咖啡或茶，就很適合下午茶店的布置，若抱著一束花，就很適合花店！

邊走邊看的同時，我還會再進一步的仔細研究一下，店家用了哪些道具陳列？主要色系是什麼樣風格？我笑稱它為洋蔥剝皮法，就是一層一層看的小撇步，我會先從店的最外層開始解構老闆的布置。

1 老闆會用什麼小道具架設商品？

這家店的老闆很有趣，用木夾子將衣服襪子夾起來當成窗簾，但這家店不是服飾店哦，它是一家餐館，在裡面用餐的人也不會被外面的路人打擾。

2 配色方法

用五顏六色的水桶吊起來，裡面裝著的是童裝。

3 雜貨要如何做高低擺設？

我以前會犯的毛病，就是將東西靠在牆面排排站，遠遠看過去，視線落在平行線上，感覺呆呆的沒有生氣，仔細研究一下這家雜貨店，店家運用木梯、木箱和桌子做出層次高低落差。

---

4 用古道具陳列

看到老熨斗和老裁縫機，忍不住偷偷拍下來。這時遇到了一個小插曲：店裡，剛好有2位手藝嫻熱的婆婆正在裁縫工作，其中有一個阿婆看到我，把我叫住，我好緊張啊，我幹了什麼壞事？是不是偷拍被發現了？心想應該是要出來罵我的吧？我趕緊和阿婆用很蹩腳的台式英文說：「哇！逼踢佛（beautiful）」，並豎起大姆指比出讚的手勢，然後指指那古董熨斗。原來，阿婆是叫我進來裡面拍啦，一群阿婆吆喝著，我就大方的走進去拍了這張照片。

好奇她們看什麼吧？我也忍不住上前去湊個熱鬧。
原來是賣芭比娃娃的店家，難怪吸引眾多姐姐妹妹們站在櫥窗前面討論不停。
接著，也來看看法國、日本、克羅埃西亞等其他國家的櫥窗巧思吧！

❶日本一家名叫「橫尾」的知名下午茶店，店內的大片玻璃門用老木頭架起層板，擺上喜歡的書本和古道具，很有氣質的擺設。 ❷日本一家專賣和狗狗有關的雜貨店，男老闆本身喜歡用漂流木或身邊撿到的素材做狗狗玩偶。我是被這些琳瑯滿目的東西吸引而勇敢地推門走進去，很熱鬧的陳列。 ❸克羅埃西亞的紀念品小店，很沉穩的感覺。 ❹超大的黑板還有明信片及書本，很有旅行及文青 fu。

小小招牌很吸引人

每個國家小巧可愛的店家招牌，都像是一幅畫。

  法國

紐西蘭

日本

克羅埃西亞

Step3
簡單做模型、收集喜歡的圖片

清楚知道整體空間走向

這在設計規畫一個空間前，阿 Ben 會先用紙板做縮小版的模型，用硬紙板做出空間的輪廓和外圍的形狀，然後我負責將收集來的照片放在模型界定的空間區塊。除了讓我清楚知道整體空間的走向，最重要的是讓木工師傅知道位置，例如：空間中要有格子拉門及廚房吧檯。我從收集來的雜誌找了一張格子拉門的照片，就放在想要施工的模型位置裡，方便木工師傅了解你的想法，另一個好處是，大範圍完成了，細節的布置就容易多了。

和房東紙上簽定輕裝修

這個屋子之前是租給一家電腦維修公司,空間不大,約 7~8 坪,天花板是整片輕鋼架,一直延伸到玻璃櫥窗,一格一格隔出間接照明,有白色的日光燈管,是典型的辦公室空間,有點壓迫感。

房東介紹房子時,我心裡已經動了拆除天花板的念頭,(內心 os:如果要將討厭的輕鋼架全部拆掉,不知道房東太太會不會生氣呢?)我先試探性地詢問房東太太:「我可以稍微『輕裝修』嗎?也就是我可能會拆掉它們。」(小小聲地指著天花板說)。

於是,房東太太在合約本上簽了:可以輕裝修。(這輕裝修其實不輕啊)在拆掉天花板的那一刻,我們才驚覺,哇!這是一個有挑高斜屋頂的空間,還有老磚牆,這真是天上掉下來的禮物。這麼高的屋頂,接下來刷油漆得傷腦筋了,阿 Ben 拿了高腳木梯架在書桌上,手上握著長長的滾輪刷子,動作就是一下仰頭,一下得低頭沾油漆,來來回回好幾回,等屋頂漆好了脖子也痠了。

地板

我很喜歡原木的厚木板，重重厚厚的、很有重量，於是和木工師傅商量了一下：「師傅，我想要地板都是用厚原木木板組成的，這樣踩起來很有感覺耶！」

木工師傅瞄了我一眼，語重心常地說：「這個房子是自己的還是租的呢？」

「租的。」

「那就對了，用原木的地板，如果到時候不租時破壞掉了，會不會很可惜？」

這位木工師傅很貼心，也許因為看過太多裝修後又拆除的例子，也想幫剛創業的年輕人省點費用，於是幫我們想了一個方法，用木心板裁出寬度，兩邊再裁出邊角，完工後，阿 Ben 利用半夜上漆，刷白顏色，白色會讓空間有放大的效果。經過了 3 年，這一大片地板，也漸漸磨出了歲月的痕跡。

不做「差不多」小姐

接著木工師傅問我：「啊你這片拉門要開幾個窗？」「每個窗要開多大？」「ㄟ……那長寬素多少？」

師傅突然問我有關數字或很精準的事情，我當下愣了很久，也許我平時做事情，大都是差不多或是感覺 ok 就可以，但和木工師傅溝通，切記不能「差不多」或「感覺像是……」，這樣籠統模糊不清的說法。師傅很難懂我們的心啊！

所以 Ben 和木工師傅有一套溝通方法，就是把做好的簡易小模型拿出來討論，師傅說：「這個方法，很讚哦！完全了解你們的想法。」

木工師傅施工起來大方向都能完全掌握，只有小細節才需要再跟我們確認，這樣就不會「走經哦」！也正因為如此，最後黑兔兔的散步生活屋非常接近我們理想中的模樣。

Step5
手作的樂趣

srrange 1
我愛普羅旺斯的泥土黃

一直希望工作室裡的牆面帶有南法的色彩，也曾想過是不是用油漆直接塗成黃色，還是貼個黃色壁紙假裝一下就可以了呢？

我後來選用了珪藻土，這個不常見也很少聽到的塗料，一開始是喜歡它的顏色和粗粗的觸感，彷彿有一層黃泥巴敷在牆壁上，在視覺或觸感上都比較符合。

珪藻土是什麼？

10 多年前，在日文雜誌上看到很多家庭主婦整修牆面時，會使用珪藻土，但是那時候台灣的相關資訊還不多，所以我一直好奇，這種土到底有什麼厲害之處？

多年後，台灣也有店家進口這類的塗料，爬文後，發現這種土原來是一種海底的浮游微生物，有很多孔洞能調節水氣、會呼吸，還能過濾不好的氣味，聽起來很神奇。

珪藻土有不同的顏色，我選了白色及淺黃色，白色不是純白有點像灰泥灰灰的顏色，黃色很接近南法的泥土黃，摸起來粗粗的有像泥巴屋的感覺。

塗珪藻土就像敷面膜一樣簡單

實際動手之後，才知道原來調珪藻土像調麵糊一樣容易，真要說
有什麼技巧，那就是塗牆面時，你想要什麼樣的紋路，就要使用
不同的塗刷工具。也許在專業師傅眼中，還有許多眉眉角角的細
節要注意，但如果你和我一樣隨性，那就隨便塗吧！

方法是這樣的：

先倒一些珪藻土粉末在乾淨的盆子裡，加一點點水試試看稠度，
技巧真的很像在調麵糊的比例，水太多就稀稀的，在牆面上就會
黏不住，水太少就會稠得塗不動，這時加入一點點水慢慢調，就
可以了。

接下來，別想太多，就塗吧！

Before

After

廚房的位置

塗珪藻土的地方

PLASTER A WALL

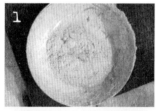

1

2

3

TOOLS & MATERIALS

1 珪藻土
2 盆子
3 裝水的容器
4 水泥師傅用的抹刀
5 大板子

189

在買珪藻土時，老闆實驗性地在牆上噴水示範說：「你看哦，水分會馬上吸收，不到 5 秒牆面就乾乾的。」也許真的會吸水氣，朋友常問我：「為什麼你的乾燥花都不會爛掉？基隆不是很潮濕嗎！」

一開始我以為是買對花材，才會讓花快速地乾燥，也不會發霉，但是我把同一批做好的乾燥花送給朋友後，朋友的乾燥花不但發霉也長毛了。

因為基隆潮濕多雨，加上阿 Ben 氣喘嚴重，之前有一次整修倉庫，用錯塗料及建材的錯誤經驗，之前用的塗料有大量的甲醛，包含施工黏合木板的膠，我們每天住在家裡，就像在慢性自殺一樣，有點可怕。

珪藻土的價格昂貴，一包塗料其實可以買上好幾十罐的油漆，要塗幾面牆都不成問題，雖然這樣說有點誇張，但一想到工作室是天天生活的地方，可以每日呼吸到好空氣，比什麼都重要啊！

麻糬總是來湊一腳的 NG 鏡頭……

arrange 2
天空藍、土耳其藍，還是希臘藍？

我把大面牆塗了黃色，既然主色調已經定下來了，接下來的小細節就是木頭的顏色。

以前有過塗了漆，然後馬上後悔的經驗，選漆時使用色票總讓人眼花撩亂，常覺得每個顏色都好適合，結果我時常買到好閃好亮的螢光色，塗上牆面閃亮亮的好嚇人。所以這次要刷吧檯上的藍色時，我特別帶著一根我喜歡的藍色掛牌去家具連鎖店調漆，然後現場比對相近色票的顏色，請調漆師傅調了一小桶後帶回家，先試試顏色像不像。

我想要木頭有仿舊的效果，所以先在吧檯塗上咖啡色當底漆，等乾了之後，再刷上第二層的藍顏色。完成的顏色接近我理想中的復古仿舊藍。

帶著「實物」去比對顏色的方式，是我後來在決定油漆時，會用的笨方法，我曾經帶過很大件的東西去現場比色，是真的有點不好意思，但是，這樣大幅降低了我買錯油漆色而後悔的機率。

arrange 3
紅磚頭，你真好用

我需要一個獨立的空間，讓朋友坐著聊聊天，但又不想把原本已經夠小的空間，變得更擁擠，我突然想到被我冷落許久的小學生桌面，好像可以派上用場，但是沒有桌腳無法站立這件事，卻讓我和阿 Ben 傷透了腦筋，我們兩個人腦力激盪，想了許多怪點子。

我先開口：「試試用木柱子釘一個腳？」

阿 Ben 反駁我：「不太穩的樣子，會有太多線條，視覺很紊亂！」

（被打槍）

「那……用 L 型鐵架固定？」

阿 Ben：「看起來騰空，怪怪的！」

（再次被打槍）

阿 Ben：「用紅磚頭砌起來好了！」

我疑惑地說：「感覺硬綁綁的，不然就要把它塗成白白的才可以！」

（雙方達成共識）

於是利用打烊後兩人偷偷摸摸動工，這時已經深夜 1 點多，完成時天都亮了，兩人又接著繼續開店！（大黑輪）

紅磚頭吧檯小桌的做法是這樣的：

❶ 原本阿 Ben 用水泥慢慢地堆，但我們的技術實在太兩光，磚頭一拿就掉，最後使用益膠泥才獲得改善。

❷ 我們黏得辛苦，有隻貓玩得很開心，後來從貓身上學到，邊工作也要邊開心地休息。

❸ 最後我用了手邊剩下的白灰色硅藻土材料用手塗抹，做出古樸仿舊的效果，並在磚頭邊角敲成破破的，像是有使用過的痕跡，會比較自然不做作。

❹ 完成後，麻糬先去試試重量，給了我們一個讚的表情！表示可以承載重量。

❶ ❷ ❸

❹

srrange 4
女生，也可以自己動手做木窗戶

每次完成家裡的某樣作品，其實背後都有一個辛酸的故事：一個苦力的男工，背後總有一張嘴唸個不停的女子。我會默默把拿著雜誌對著阿 Ben 說：「這個東西真不賴，如果工作室有一個這樣的東西一定很讚！」不斷對阿 Ben 洗腦洗眼睛，漸漸耳濡目染長達 10 年後，我只要負責想法和統一風格，動動嘴，成品就出來了（竊笑）。

10 年前，阿 Ben 用廢木料做了一扇木窗戶，然後在窗戶上割出一隻小肥鳥掛在倉庫住家的牆壁上。

但是風水輪流轉，我想如法炮製一扇木窗放在工作室裡，於是再

次出動碎嘴攻勢，但阿 Ben 說：「你才是正港的黑兔兔，乖！不能只是動一動嘴不做事啦！你才是黑兔兔，我不是哦！」

求了老半天，阿 Ben 還是堅持要我自己動手做。為了能簡單獨立完成小木窗，我決定自己來做木工。但是，想到要搬運這些厚重的木頭，又要拿機具裁切，若是還要在木窗上挖個圖案，我肯定不行啦。

所以我決定來個簡單的兩片窗，不挖洞，應該不醜吧？我說服自己的方式，就是再找出南法有窗戶的圖片來增強信心。

Before

After

利用木心板和美工刀，簡單做出的窗戶

於是，小店需要的兩片窗，最後我用了木心板來完成；木心板是木工師傅幫我
們做隔間時，留下來的材料，材質輕薄，我只要用美工刀劃一下很容易割下來，
剛好符合我這只會出一張嘴的弱女子需求。

我的作法是，先量好需要的長度，用美工刀裁出我要的片數，再用螺絲固定住，
它們才不會散開！

上漆後，再用蝴蝶片鎖上我預設好的木框框，這樣就算完成了，只差我沒有在
木窗上挖圖案。

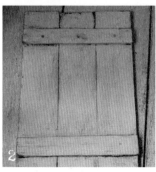

arrange 5 再進階！
女生的簡單木工課

我很愛撿廢棄物回家，撿來的東西會當寶一樣先囤著，想著有一天我一定會用得到，重要的是，想到要做什麼東西後，就會施展苦肉計，請阿 Ben 幫我執行。

好貨色！
不撿可惜..

黑兔兔：我想用棧板做東西..可以嗎？

阿BEN：說好了.你自己弄哦

先撿了再說嚕..

幫你扛回來了~自己弄哦！

你看我好可憐，
我一個弱女子...

開始裝可憐....

哎喲叮著

這才是正港的黑兔兔啊
（都是用一張嘴做事..）

PS~棧板撿回來，要先拆掉成一根根，但光拆板子真的很累...大家要小心釘子啊...

撿回的棧板這樣用

撿回來的棧板在家裡住了大半個月，真要做出什麼，一時間還沒有明確的想法，但，總覺得可以做出個什麼東西，每次都是這樣欺騙自己，才會垃圾越撿越多！

在搬回重要命的棧板後，接下來的苦差事，得先拆掉一根根的木頭，這個苦力要由家中的壯丁來做才行，而且要小心生鏽的鐵釘，接下來的部分：像是刨木頭、擦油漆，這些簡單輕鬆的工作，我再撿來做就可以了！

Before

掛勾自己做

刨過整理後的棧板，想做一個掛勾，用紙黏土加黑鋁線來做吧！

step1. 先用餅乾模型壓出形狀。
step2. 紙黏土還沒乾時，插入鋁線折一個彎勾
step3. 用印章蓋上字。
step4. 等紙黏土乾了，栓上螺絲。

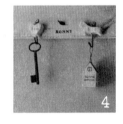

棧板上可以轉印一些字，栓上螺絲的紙黏土掛勾差不多就完成了。這個紙黏土掛勾可以承受的重量，我還沒試，不過掛上家裡整串鑰匙還很牢固。

變身收納櫃

棧板有 6 片，剩下的 5 片棧板，拿來再利用！可做成收納櫃。

拆除刨光　　　　固定　　　　釘成方框

在窗緣放上喜歡的生活道具

這一棟老房子吸引我的地方,就是這一大面玻璃,稍微留意還可以看到超大豪華遊輪,窗戶是平面的,但也可以把它變成立面多了一些活用空間,於是我在這片玻璃窗動了手腳,我請木工師傅幫我釘上一條厚木板後,就可以在上面放上一些喜歡的小東西。

原本平面的大玻璃窗釘了木條後,就不會顯得死板,感覺空間又變大了。在層架上擺了柏燈及鳥籠和鐵塔都是鑄鐵的材質,加上有高有低的形狀,當它們排排站後,也不會看起來呆呆的,鐵的冰冷材質和花草的線條,搭配在一起後,線條變軟柔了。

那要怎麼把木板釘上去呢?

在鐵窗兩側鎖上 L 型鐵片,放上木板後用螺絲鎖緊。因為擔心時間久了,會從中間陷下,記得正中位置再頂住依跟小圓住喔!

時鐘牆 ①

before

施工中　布置中

廚房戶外區 ②

before

施工中　布置中

用窗子格出兩個空間 ③

施工中　　　　布置中

樓梯 + 廚房內部 ④

施工中　　　　布置中

陽光請進

每日要有花花草草一起作伴
從花市買回來新鮮現摘的綠色繡球，
還有紅色、白色的圓仔花，
花朵豐富柔美的顏色，
讓我的空間有了不同的改變，
乾燥後，又為店裡空間添了沉穩的個性，
感覺就像是兩種不同的布置。

來！認識花的名字吧！

剛開始上花市買花，記得一到內湖花市時，都會憨憨地問老闆：
「這個多少錢？」手指著講不出名字的花材。

採買時只顧著哪個花好看，不會特別去記住花的名字，但是若買
花時不將花名講出來，這樣老闆一眼就會知道你是外來客或過路
客（不知道是聽哪個老闆告訴我的），所以後來就會知道要將花
的名字記起來。記得帶個小筆記本，將花名及價格抄下來哦。

久而久之，去花市買花時，就學會用另一種問花及問價錢的方法
和老闆溝通：「老闆，今天松蟲草多少？」，慢慢地將花的名字
記起來。朋友來店裡時，當問到花的名字時，也可以變得有話題
哦。

將採買回來的翠珠花、矢車菊、松蟲草、蕾絲花組合在澆水器裡，
便是一幅美麗的風景。

蔥花變成的乾燥花

原來蔥也會開花？在花市見到它白白圓圓的真可愛，我試著把蔥花放上一陣子後，觀察花球漸漸的縮成一團，原本胖胖多汁的綠色桿子漸漸變細，像一根竹筷，這樣的狀態實在很可愛咧，放了3年多顏色依然保留住，它們隨著時間變化有不同的風貌，這正是乾燥花特別有趣的地方啊！

在住家附近採下一朵花

某天正要從家裡出發到店裡時，阿 Ben 說：「下雨了，快點穿雨衣上摩托車。」「等我一下，花快被雨水打爛了」我說。於是又匆匆回到屋裡，拿了剪刀、打濕的衛生紙及一個紙盒子，小心地包了這枝在路邊、唯一沒有被雨水打爛的酢漿草小花，今天就將它放在店裡吧。

小灰塵 OUT

第一次到日本旅行時，我在機場看到一幕畫面讓我印象深刻。一位清潔媽媽正在用抹布，擦拭著走道兩旁其中一棵觀賞用的大盆栽，她的動作輕柔，一片一片細心地把葉子上的灰塵弄掉。日本人對於小小的細節，時時刻刻留意。這個清潔葉片的動作和畫面深深烙印在我心裡。

黑兔姊姊的多肉植物教學

作品：多肉植物娃娃手推車

Step ❶ 市面買來的鐵網，用鋼剪裁成合適大小，運用尖嘴鉗凹折成鐵籃。

Step ❷ 將鐵籃鋪上麻布，墊上少許水草，填入多肉植物適用的介質

Step ❸ 將一吋盆大小的多肉植物，植入鐵籃裡。

Step ❹ 木作的手推車運用印章＆油性印泥蓋上喜歡的圖案。

Step ❺ 將鐵籃輕輕的放入推車裡，作品完成！

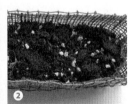

五感體驗，
讓自己的店更有 fu

曾經有一位認識多年的男性友人，和我說了一句很
有意思的話。他說：「一家店，很重要的元素有三
種，而這三種都是看不見的布置；第一種就是音樂、
第二種是氣味、第三種就是光源。」

簡單，但很重要的布置 — 光源

為了確認光源有沒有照對位置，或是整家店看起來有沒有太刺眼，大白天及入夜後，我都會跑去馬路對面，往2樓的小店望去，看看整體光線有沒有到位。

如果哪個角落暗了點，我就會在那個地方補強，如果光線太亮，我會換成小瓦數的光源。有一次我來來回回好幾次，跑得喘吁吁還是沒有搞定它，最後只好用電話搖控阿 Ben，在對面指揮他：「那個吊燈放往右移一點點，好！換格子燭燈了，要把釘子再釘下面一點點。啊！不行上來一點，它被桌椅遮到了，這樣走在對

街的行人會看不到這個小光點。」阿 Ben 被我弄得到處跑，語氣
無奈地說：「有差那麼一點點嗎？」

「有啦！」我堅定地回答。

選在靠近廚房的小角落鎖了一支鑄鐵掛勾，選擇用掛的方式可以
省去空間，這也是在對面觀察出較暗的角落所補上的光線，每天
進店裡，會先打開吊在掛勾的這盞燈，若是今天天氣濕冷又沒有
充足的自然光線，這時點上這盞掛在窗上的燭光，所散發的微微
光點就像小太陽一樣給了我一天的溫暖。

找家的味道

有一回客人建議我,我的店少了一種味道,應該放些芳香的精油
或薰香。旅行時,我走進咖啡館,會被一種香氣所吸引,那不是
人工的芳香劑,也不是香水,那是老闆在製作點心,或烘烤餅乾
所散發出來的香氣,我一直在找這樣的氣味,後來我才知道,原
來那就是家的味道,不是人工香氣或香精可以取代的啊。
一位朋友在臉書上的留言,一家溫暖舒服的店可以給人們五種感
官的體驗,這給了我很大的提點和努力的方向。

視：柔光線

聽：好音樂（風格小店中溫馨的雜音，包含疊杯子發出玻璃撞擊
　　的清翠聲，磨咖啡豆的聲音）

味：好食物

嗅：好氣味

觸：好雜貨（玩具）＆舒適的椅子

BEACH
if you are lucky enough to live on the water
you are lucky enough!

❀ welcome 2F

www.giftdiy.net

屋中屋
迷你料理室

工作室的空間一開始並不是為了要變成對外營業的
咖啡屋,所以只規畫了小小一坪來當廚房使用,我
把小廚房設計成一間獨立的屋子,有外推的 3 扇小
窗戶和一面大玻璃窗,再用黑板吧檯包圍住,變成
一間開放又帶點隱密效果的迷你料理室。

idea
1
玻璃上寫字

idea
2
花草陪伴

idea
3
牆上挖個洞

idea
4
黑板畫畫

黑板漆要怎麼塗刷才會平整？刷出來的黑板，若是出現一條一條的油漆細紋效果就不好了！第一次我選用了綠色黑板漆，但油漆乾了之後卻出現反光效果，帶點亮亮閃閃發光的質感，第二次重新再刷過後的黑色是我喜歡的正確版本，也就是現在看到的模樣。塗刷黑板的刷子若是拿了毛刷，塗完後黑板會沾滿毛，並且出現一痕痕的，這樣粉筆會寫不上去，所以選對刷子也很重要。改善的方式是，使用了類似像泡棉，帶點 Q 彈效果的刷子，就不會留下刷痕了。（王傑老師來畫畫）

午後一點開始的午茶時光

在日本的咖啡屋，店家所使用的器皿或擺盤的小道
具常讓我驚喜，手捏陶的茶碗握在手上，視覺及觸
感的令人感到開心，想一想，若是用馬克杯裝著茶，
感覺是不是又不一樣了呢？我想拿到使用手感陶杯
的客人，一定可以感受到主人的用心，所以我一直
等到收集到喜歡的杯子和餐具時，才打開工作室的
大門，開起咖啡屋的，我想將這份心意傳達出去。

杯杯盤盤也是店內布置的一環

杯杯盤盤要準備多少，才夠用呢？

有一位咖啡店的前輩寬哥說：「光採買廚房用的小東西，才是後續的重點，它們就像沒有關緊的水龍頭一樣，滴滴答答，（錢）慢慢流個不停。」我歪著頭半信半疑，後來實際操作起來，才發現流的不是小水滴，而是潺潺流水。一開始我利用去日本旅行的時候採買店內的陶杯陶碗；台北的誠品信義文具館不定期展售日本陶藝家的陶作品時，我也會特別前往選購。

一壺茶要配上喜歡的器皿

有一回裝桔茶的玻璃壺不夠用，我誠實地和客人說：「不好意思，我不能賣給你了，因為我的壺用完了，現在沒有漂亮的壺來裝它們。」客人說：「那隨便一個容器都可以。」我說：「我想給你漂亮的玻璃壺，若是給你醜醜的東西，我心裡頭自己這關過不去，請你見諒啊！」

這些杯杯盤盤在我心裡，也是店內一個很重要的小裝飾啊。

手的溫度～捏出獨一無二的陶器

我後來決定去學陶，這樣才可以捏出我心中理想的器皿，去上課的日子就會店休，我希望能開間小店，也能持續花心思學習、不放棄自己喜歡的事物。

咖啡屋會使用到的生活器皿我都想要自己完成：陸續捏了房子糖罐、盤子、小湯匙、有兔頭圖案的攪拌棒……等等。我喜歡使用深色陶土塗上白色化妝土，舊舊的古樸效果。原來捏陶，有種心靈上的小小療癒效果吶！

來杯滿滿的拿鐵

我捏的 6 個杯子，杯口有的不圓，有的歪歪斜斜的，手太大的人，可能食指就穿不過把手，我不放心的問阿 Ben 說，這……你敢端給客人用嗎？阿 Ben 開玩笑說：「放心啦，這幾個杯子是會給懂它的人使用的。」（如果感覺是打扮時髦或手拿名牌包包的人，就不好意思拿給她用了。）偷偷觀察了一下，發現有人在吃完東西時，發現了我在杯底畫的一隻兔頭，會拿給朋友會心一笑，彷彿發現了一個小祕密。

牛奶瓶

除了杯盤，我還喜歡觀察其他咖啡屋會
用什麼容器盛裝白開水呢？有按壓式的
玻璃壺、也有使用琺瑯壺，最後我使用
了牛奶瓶來裝白開水。在日本北海道的
機場我買了一瓶牛奶，上機前我看到不
能帶有液體的東西上飛機，為了將這瓶
牛奶瓶帶回，說什麼也不能被丟到垃圾
桶，最後我決定一口乾了它，在不到 1
分鐘內，將 900cc 的牛奶全喝下肚，
現在空瓶擺在小店裡當水瓶。

感謝每天賜予我的白開水

白開水甘甜好喝的秘訣，是 Ben 媽在
前一天晚上為我們準備的燒開水，使用
過濾水煮沸後再放涼，讓我們隔天早上
裝進 2 個水壺裡帶來工作室飲用。開了
店後，Ben 媽從燒一壺開水變成連燒 3
壺，我們從 2 個水壺變成 6 個水壺，
再倒入牛奶空瓶裡，這就是每天店裡提
供給客人飲用的白開水。

充滿能量的小冰塊

除了開水，阿 Ben 的媽媽每天也會幫我們結冰塊，這樣才能在早上一顆顆順利採收帶到店裡來，連續 4 年，我和阿 Ben 和 Ben 媽 3 人，用這樣很笨很勞動的方法製冰，帶燒好的開水來上班，Ben 媽說，這樣喝起來才安心，一點也不辛苦！

超省電的鑄鐵鍋

使用普通鍋子，熬出 4 人份的濃湯需要費時 30 分鐘，不只漫長的時間等待，其實最可怕的是耗電，還有鍋底會燒焦。決定換用我想要很久的 Le Creuset 鍋子，蓋上鍋蓋後咕嚕咕嚕，小火慢燉……讓熱氣與水分保留在鍋內，熬同樣 4 人份的濃湯不到 10 分鐘。選擇一只好鍋子，讓我省了時間又省電啊。

點心時間

　　輕食、甜點雖然並不是像正餐一樣,是生活中的必需品,但卻可以滋潤心靈,是咖啡屋不可或缺的小角色哦!

布朗尼食譜

苦甜巧克力 200 克

無鹽奶油 100 克

核桃適量

低筋麵粉 80 克

糖 130 克

蛋 2 顆

1 先把核桃放入烤箱內烘烤至焦黃色。

2 拿一個小鍋子裝熱水,把苦甜巧克力和無鹽奶油倒入器皿裡,隔水加熱讓巧克力和奶油化在一起。

3 蛋和糖用攪拌器打發。

4 把打發的蛋液倒入融化的奶油巧克力糊裡。

5 在巧克力糊裡,倒入核桃

6 麵粉過篩後,分 3 次倒進步驟 5 的巧克力糊裡拌勻,倒進烤盤裡。

7 放進烤箱約 18 分鐘後,就完成囉。

idea 1

果醬空瓶是刀叉的家

吃完的果醬瓶別急著丟，收納刀叉湯匙剛剛好。

idea 2

杯盤在咖啡機上
自然烘乾

咖啡機上熱熱的蒸氣，可以將咖啡杯烘的暖暖的

idea 3

柑仔店老櫃子裡
的茶碗

櫃店上的老櫃子，除了收納杯碗，最重要的功能是有遮蔽我在廚房工作時，桌面的凌亂。

idea 4

角落藏著奶茶杯

每個牆角都是一個很棒的收
納空間，釘上木板後，收藏
我自己手捏的陶杯。

idea 5

鐵籃子裡滿滿的
水果

鐵籃子選擇垂吊掛在
牆面，而不放在桌上，
這樣可以省下不少空
間，轉身拿水果，也
很方便。

idea 6

法國木盤上
裝著水杯

可以是選用塑膠
盤 或 是 彩 色 托
盤，不過放了木
盤後，整體的 FU
就對味了。

黑兔兔的
一日生活

早晨對我來說，還躲在棉被裡呼呼大睡，因為開店後的作息和上
班族生活有很大的差別，所以我的一天是從 10 點 30 分開始的。

10:30	**起床** 快速整理好服裝儀容，重點是要把麻糬請到提籠去， 得花上好一陣工夫，因為牠喜歡玩躲貓貓遊戲。
11:00	**吃第一餐，早餐** 到 Ben 媽家，盛裝白開水打包冰塊。
11:30	**到店裡** 放麻糬出來上班，Ben 繼續上路採買，我備料。
13:00	**OPEN**
21:30	**打烊** 我澆花，Ben 閉店工作完畢，把麻糬再次請到提籠， 準備回家。

22:00	吃第二餐,晚餐
	Ben 媽 9:40 分準備好我和 Ben 的晚餐,陪 Ben 媽
	看鄉土劇,聊劇情很入戲,這時刻很放鬆。
00:00	回自己的家,休息
01:00	是一天的開始,寫日記看書、聽音樂。
02:30	就寢

晚上 Ben 媽會打電話問我們幾點到家,進門後,總是有現煮的飯菜等著我們,我很珍惜和 Ben 媽一起看鄉土劇的時刻,那是我們工作一整天後,最期待的晚餐時間,如果劇情跟不上,Ben 媽會用說故事的方式,和我解說來龍去脈哦!

期待大家也能和我分享自己的風格練習

這本書能誕生,首先要感謝我在日本淺草觀音寺,所求來的一支詩籤 (磕頭)。

其實這本書如果順利的話,是要在 2008 年完成出版的,但是在當時覺得自己寫不出豐富的內容 (想太多的人),於是將出書的事放在心裡但又不想放棄 (矛盾的人生),就這樣渡過了快 6 個年頭。不過這個出書的念頭在 2013 年有了些微變化,我決定在每天結束咖啡屋工作後的凌晨 2:00 開始默默寫稿,心想,我把它們一口氣寫完了再交到出版社手裡,這樣不用擔心自己拖稿交不出去 (其實是怕被催稿啦),當我覺得這樣的想法實在是太完美了,也就以一天補魚兩天曬網的龜速方式在進行。直到 2013 年 6 月,我去東京旅行來到淺草寺求籤,當我心裡正滿懷希望,覺得神明肯定會認同我這寫書方法時,詩籤的內容確告訴我,這方法實在不可行,「不要把所有的東西都握在手上,你不是萬能的,不但沒有效果,還會兩頭空啊!」

神明的一句話,讓我回台灣後轉個念,這本書才能如期完成。

寫這本書的動機,是從在店裡聽到人家說:「好想開一家店,但是……」「為什麼我家擺不出感覺來?」「我在找尋我的人生方向,我想找到自己喜歡什麼?」的疑問衍生出來的。而我一邊寫著,一邊也得到了深度思考的機會──是什麼原因讓我成為這樣的人?也為自己整理出答案。

最後我要感謝幫我寫推薦序的朋友們及姊姊,因為都是急件通知 (我怕大家不想寫,所以留在最後一刻才通知),而人正在希臘帶團的 Justin,因為要

寫我的序文，有三四天晚上無法入眠，我相信他一定是有太多話想說（笑），
這是一篇漂洋過海來的推薦序；平時對姊姊很嚴格的我，在要請姊姊寫序
時，她發訊息告訴我，她實在寫不出來，可以不要寫嗎？於是用半騙半哄的
方式完成；認識快 20 年的吳東龍（啊！不小心透露年紀），寫出了我的心聲；
開了咖啡屋後，認識了王傑老師，從老師的序文裡，我看見了自己的小小力
量，（被老師發現我的手比他粗，決定現在開始每日勤奮的保養我的雙手，
讓它變得水嫩！握拳～），還有施立導演讚我是森林系「女孩」，我想這也
是我仍保有一顆赤子之心的原因吧，對了，還要謝謝 Ben，每當我快寫不
下去時，他總會在邊邊高喊，快快加油，你可以的，快完成這樣兩個人才能
解脫（因為都是三更半夜在寫稿，要是他先休息了我也沒力氣往前衝了）。

最後要感謝出版社的真真、小良姊一路協助督促這本書的編寫進度，還要謝
謝編輯伊純，和你相處合作真的很愉快，還有辛苦的美編。真的非常謝謝她
們，靠我一己之力，尚有不足之處，我也誠心誠意感謝閱讀這本書的讀者，
謝謝各位。

希望大家也能和我分享自己的風格練習，我期待著。

. . . 2014

國家圖書館出版品預行編目資料

每一天，都是風格的練習：黑兔兔的開店圓夢提案 / 黑兔兔著. -- 初版.
-- 臺北市：方智, 2014.07
240 面；14.8×20.8公分 --（心靈徒步區；44）

ISBN 978-986-175-359-1（平裝）
1.家庭佈置 2.空間設計 3.室內設計

422.5   103009682

http://www.booklife.com.tw   inquiries@mail.eurasian.com.tw

心靈徒步區 044

每一天，都是風格的練習：黑兔兔的開店圓夢提案

作　　者／黑兔兔
發 行 人／簡志忠
出 版 者／方智出版社股份有限公司
地　　址／台北市南京東路四段50號6樓之1
電　　話／（02）2579-6600・2579-8800・2570-3939
傳　　真／（02）2579-0338・2577-3220・2570-3636
郵撥帳號／ 13633081　方智出版社股份有限公司
總 編 輯／陳秋月
資深主編／賴良珠
責任編輯／劉伊純
美術編輯／金益健
行銷企畫／吳幸芳・張鳳儀
印務統籌／林永潔
監　　印／高榮祥
校　　對／賴良珠・劉伊純
排　　版／莊寶鈴
經 銷 商／叩應股份有限公司
法律顧問／圓神出版事業機構法律顧問　蕭雄淋律師
印　　刷／國碩印前科技股份有限公司
2014年7月　初版

定價 310 元　　　　　ISBN 978-986-175-359-1　　　　版權所有・翻印必究